小麦节水高产栽培

于振文 石玉 余松烈 董庆裕 编著

山东科学技术出版社

·济南·

图书在版编目（CIP）数据

小麦节水高产栽培 / 于振文等编著 . -- 济南：山东科学技术出版社，2021.10（2023.6 重印）
ISBN 978-7-5723-1059-1

Ⅰ. ①小⋯　Ⅱ. ①于⋯　Ⅲ. ①小麦 - 节水栽培 - 高产栽培　Ⅳ. ① S512.1

中国版本图书馆 CIP 数据核字（2021）第 186439 号

小麦节水高产栽培

XIAOMAI JIESHUI GAOCHAN ZAIPEI

责任编辑：于　军
装帧设计：孙小杰

主管单位：山东出版传媒股份有限公司
出 版 者：山东科学技术出版社
　　　　　地址：济南市市中区舜耕路 517 号
　　　　　邮编：250003　电话：（0531）82098088
　　　　　网址：www.lkj.com.cn
　　　　　电子邮件：sdkj@sdcbcm.com
发 行 者：山东科学技术出版社
　　　　　地址：济南市市中区舜耕路 517 号
　　　　　邮编：250003　电话：（0531）82098067
印 刷 者：山东新华印务有限公司
　　　　　地址：济南市高新区世纪大道 2366 号
　　　　　邮编：250104　电话：（0538）6119360

规格：大 32 开（140 mm × 203 mm）
印张：3.25　字数：50 千　彩页：8 页
版次：2021 年 10 月第 1 版　印次：2023 年 6 月第 4 次印刷
定价：20.00 元

本书包括以下三项节水高产栽培技术，农业农村部评审确定为农业主推技术：

- 小麦测墒补灌节水高产栽培技术
- 小麦宽幅精播节水高产栽培技术
- 小麦深松少免耕镇压节水高产栽培技术

编者说明

　　本书是专门为小麦主产区农业技术人员和农民编写的生产技术读本，旨在帮助农业技术人员和农民按照作者创建的小麦节水高产技术进行规范化和标准化生产。为了方便读者理解文字内容、掌握操作技术，特列出本书中的部分计量单位符号与中文名称对照：m（米）、cm（厘米）、mm（毫米）、m^3（立方米）、kg（千克）、h（小时）、s（秒）、d（天）。为方便阅读，面积单位仍采用"亩"，$1\ hm^2$（公顷）＝15亩。

Preface 前言

　　黄淮海麦区，包括河北省、山东省、河南省、江苏省北部、安徽省北部，是我国小麦主产区，小麦种植面积占全国小麦总面积的60%多，产量占全国小麦总产的70%以上。不同年份，面积和产量有少许变化，但是都在上述范围之内。该区水资源量仅占全国的7.7%，水资源缺乏是制约小麦生产发展的主要因素。高产小麦生育期内总耗水量450 mm左右，小麦生育期内降水占小麦全生育期耗水量在不同降水年型为25%～40%，其余需要用灌溉水予以补充。但是生产中大水漫灌的现象比较普遍，水资源浪费现象突出。

　　为了发展节水灌溉，既要节约水资源又要小麦高产，本课题组近20年来集中研究小麦节水高产栽培技术，创建了小麦测墒补灌、宽幅精播和深松少免耕镇压三项节水高产栽培技术。三项技术在小麦播种前耕作和小麦生长过程中相互衔接，首先是耕作环节采用深松少免耕镇压技术，然后是播种环节采用宽幅精播技术，小麦生长期间的灌溉采用测墒补灌节水高产栽培技术，三项技术在不同降水年型比常规灌溉技术节水30%～60%，适量增加小麦单产，籽粒产量可达到每亩550～600 kg，显著提高了水分利用效率。

　　小麦测墒补灌、宽幅精播和深松少免耕镇压三项节水高产栽培技术是山东农业大学研究创建的原创性技术。山东农业大学余松烈院士在耄耋之年主持研究发明了小麦宽幅精播机，主要技术创新点是把常规播种机的外槽轮排种器和单排下种管，改为窝眼轮式排种器和双排下种管；小麦播幅苗带由3 cm扩大为8 cm，故称为宽幅播种机，由郓城工力有限公司制造。由小麦宽幅精播机播种称为宽幅精播技术。从2000年开始，于振文院士主持研究小麦测墒补灌节水高产栽培技术和小麦深松少免耕镇压节水高产栽培技术。小麦测墒补灌节水高产栽培技术首先研究了小麦节水栽培的最佳灌溉时期，确定了最佳灌溉时期为拔节期和开花期；研究得出 60 mm 为定量节水灌溉的适宜灌水量，40 cm 土层土壤相对含水量为节水高产的土壤目标含水量的土层；又研究了山东、河北、河南等不同生态区的土壤目标含水量，最后创建了小麦测墒补灌节水高产栽培技术。小麦深松少免耕镇压节水高产栽培技术是进行了 11 年的田间定位试验，每年 1～2 位硕士生、博士生进行研究，从光合生理、水分生理、养分生理、土壤物理化学特性等方面进行了系统研究。上述研究结论都是通过田间试验得出的，参加研究的硕士生和博士生 40 多人，发表论文 180 多篇。

以上三项技术均是创新性技术，如测墒补灌技术是根据土壤目标相对含水量和实测的土壤含水量，利用公式计算出需要补充的灌水量，既保证了产量，又节约了水资源。小麦测墒补灌、宽幅精播和深松少免耕镇压三项节水高产栽培技术均被国家农业农村部和山东省农业农村厅评审确定为农业主推技术，

适宜在黄淮海麦区推广。

为了扩大推广面积，我们编写了《小麦节水高产栽培》这本书，请大家示范推广这些栽培技术。国家小麦产业技术体系给予研究经费支持，在此表示感谢。由于编著者水平有限，书中错误和不足之处在所难免，敬请各位读者批评指正。

中国工程院院士　于振文

2020年11月10日

Contents 目 录

第一章

小麦测墒补灌节水高产栽培技术

第一节 小麦测墒补灌节水高产栽培 技术的起因和优点

一、什么是小麦测墒补灌节水高产栽培技术

（一）为什么要研究小麦节水高产栽培技术

黄淮海麦区，包括河北省、山东省、河南省、江苏省北部、安徽省北部，是我国小麦主产区，面积占全国小麦面积的60%多，产量占全国小麦总产的70%以上。该区水资源缺乏是制约小麦生产发展的主要因素。在不同降水年型，小麦生长期间的降水只能满足小麦生

长需求的25%~40%，其余需要用灌溉水补充。但是生产中大水漫灌的现象比较普遍，水资源浪费突出。

为了发展节水灌溉，既要节约水资源，又要小麦高产，本课题组近20年来集中研究小麦节水高产栽培技术，创建了"小麦测墒补灌、宽幅精播和深松少免耕镇压"三项节水高产栽培技术，三项技术在小麦播种前耕作和小麦生长过程中相互衔接，首先是耕作环节用深松少免耕镇压技术，然后是播种用宽幅精播技术，小麦生长期间的灌溉用测墒补灌节水栽培技术，三项技术在不同降水年型比常规技术节水30%~60%，小麦产量增产5%~10%，可达到每亩550~600 kg。

三项节水高产栽培技术均被国家农业农村部和山东省农业农村厅确定为农业主推技术，适宜在黄淮海麦区推广。

小麦测墒补灌节水高产栽培技术是山东农业大学研究创建的技术。

小麦生产中一般采用大水漫灌或畦灌，造成灌水过多；或采用定量灌溉的麦田，但是没有考虑灌水前土壤含水量，有一定的盲目性。这些灌溉方法均造成水资源浪费，水分利用效率低。研究节水灌溉技术是实现小麦可持续发展和缓解水资源供需矛盾的根本措施，也是农业部提出的"控水、减氮、减药及三基本"的任务之一。基于此，本课题组研究并创建了小麦测墒补灌节水高产栽培技术。

小麦测墒补灌节水高产栽培技术是根据小麦关键生育时期的需水特点，设定关键生育时期的目标土壤相对含水量，根据目标土壤相对含水量和实测的土壤含水量，利用公式计算需要补充的灌水量，既保证了籽粒产量，又节约了水资源。

（二）小麦测墒补灌节水高产栽培技术的节水高产效果

小麦测墒补灌节水高产栽培技术比传统灌溉技术减少灌溉用水，促进小麦对 0～200 cm 土层土壤贮水的消耗利用，减少了灌水量，既节水又高产；降低了 60～200 cm 土层硝态氮含量，有利于小麦对硝态氮的吸收利用，减少了硝态氮向深层土壤淋溶；增强了小麦灌浆中后期的根系活力，提高了旗叶光合速率，延缓了旗叶衰老，提高了开花至成熟期干物质积累量及其占粒重的百分数，既获得高产，又提高了水分利用效率。

2013～2020年，本课题组在山东省茌平县、陵城区、鄄城县、定陶区、兖州区、汶上县、无棣县等27个示范县（市、区），河北省武强县、清苑县、馆陶县等21个示范县（市、区）和河南省获嘉县、新乡县等13个示范县（市、区）连续进行了多年试验示范。结果表明，小麦测墒补灌节水高产栽培技术比当地传统灌溉节水30%～60%（当地习惯灌水量不同，年际间降水量不同，因此节水百分数有一定幅度），水分利用效率提高10%以上，籽粒产量高于或等于传统灌溉，亩产达550～600 kg。具有节水、高产、减少氮素流失等综合效果，适于在山东省和黄淮海麦区推广应用。

二、小麦测墒补灌节水高产栽培技术灌溉量的计算

（一）小麦测墒补灌节水高产栽培技术计算灌水量需要的参数

1. 土壤含水量

（1）麦田土壤质量含水量和土壤相对含水量的概念

和计算公式：

①土壤质量含水量。即一般说的土壤含水量，是指土壤中保持的水分质量占土壤质量的分数，单位用％表示。以烘干土的质量（指105℃烘干下烘12 h土壤样品达到恒重）为基数进行计算，计算公式如下：

$$土壤质量含水量（\%）=\frac{土壤鲜重（g）-土壤干重（g）}{土壤干重（g）}\times100$$

公式1

②土壤相对含水量。土壤质量含水量占该土壤田间持水量的百分数为土壤相对含水量。计算公式如下：

$$土壤相对含水量（\%）=\frac{土壤质量含水量（\%）}{田间持水重（\%）}\times100$$

公式2

（2）麦田土壤含水量的测定方法：土壤含水量测定方法包括烘干法和仪器法。烘干法需在田间取土样后，再于室内称重、烘干后计算数据；仪器法用SU-LA型土壤水分测试仪在田间直接读取土壤体积含水量，再用公式换算为土壤质量含水量，简单方便（仪器样貌见本书彩插）。SU-LA型土壤水分测试仪每台售价3 000元，县农业局有能力购置。

①烘干法。用土钻分层取土，每20 cm为一层，取土后立即装入铝盒，盖好盖子，以防水分散失。先称铝盒与土壤鲜重的总重量，然后置于烘箱中，105 ℃烘12 h至恒重，称土壤干重和铝盒重，按公式1和公式2计算土壤质量含水量和相对含水量。

②仪器法。SU-LA型土壤水分测试仪的仪器探针为5.3 cm长，每10 cm为一层进行测定。手握连接杆上的手柄将传感器探头垂直插入待测土层土壤中，确保探针与土壤紧密接触。此时显示屏上"S"处显示土壤体积含水量，待数据稳定后，记录数据；测定下层土壤含水量时，先用土钻将已测土层土壤取出，小心清空土孔内残余散土，每10 cm一层，再将传感器探头垂直插入待测土层土壤中测定。

本仪器采集的数据为土壤体积含水量，需转化为土壤质量含水量后才能计算灌水量。换算公式为：

土壤质量含水量（%）=

$$\frac{土壤体积含水量（\%,土壤水容积／土壤总容积）}{土壤容重（g/cm^3）}$$

2. 土壤容重和田间持水量

在前茬玉米收获后，麦田耕作之前，每20 cm一层，用容积为100 cm³环刀取0～140 cm土层土壤样品，立即称土壤样品鲜重，然后吸水24 h，饱和后称土壤样品吸水饱和重，放入105℃烘箱烘24 h至恒重，再称土壤样品干重。在一个县内相同土壤类型麦田的土壤容重、田间持水量基本一致。

$$土壤容重（g/cm^3）=\frac{土壤样品干重（g）}{环刀体积（cm^3）}$$

田间持水量（%）=

$$\frac{土壤样品吸水饱和重（g）-土壤样品干重（g）}{土壤样品干重（g）}×100$$

（二）小麦测墒补灌节水高产栽培技术灌水量的计算

1. 确定小麦关键生育时期的目标土壤相对含水量

田间试验表明，小麦需要灌溉的关键时期为播种期、越冬期、拔节期和开花期。在山东省、河南省的气候条件下，年降水量为600 mm，各关键时期0~40 cm土层的目标土壤相对含水量为70%。从节水的目的出发，播种前造了底墒水，一般不用浇冬水。

在年降水量为520 mm的河北省武强县，由于年降水量少，拔节期和开花期0~40 cm土层的目标土壤相对含水量设定为75%~80%为适宜。

因此，年降水量不同的地区设定的目标土壤相对含水量不同。年降水量为500 mm的地区，0~40 cm土层适宜的目标土壤相对含水量为75%~80%；年降水量为600 mm左右的地区，0~40 cm土层适宜的目标土壤相对含水量为70%~75%；年降水量为700 mm左右的地区，0~40 cm土层适宜的目标土壤相对含水量为70%。

2. 小麦测墒补灌的灌水量计算

测墒补灌的灌水量计算公式为：

$$补灌水量（m^3/亩）= \frac{20}{3} aH(B_1 - B_2)$$

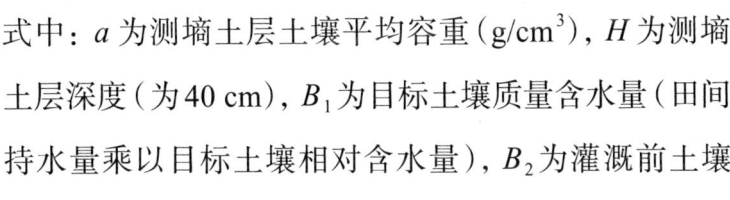

式中：a 为测墒土层土壤平均容重（g/cm^3），H 为测墒土层深度（为 40 cm），B_1 为目标土壤质量含水量（田间持水量乘以目标土壤相对含水量），B_2 为灌溉前土壤质量含水量。

三、小麦测墒补灌节水高产栽培技术的优点

（一）改善了麦田的耗水特性

1. 促进了小麦对土壤贮水的利用

小麦消耗的水分包括三个来源：土壤贮水、降水和灌溉水。试验指出，与定量节水灌溉的灌水量为拔节期和开花期每次灌溉 60 mm（40 m^3/ 亩）相比较，测墒补灌处理的灌水量及其占总耗水量的比例显著低于定量灌溉处理，土壤贮水消耗量及其占总耗水量的比例显著高于定量灌溉处理，促进了小麦对土壤贮水的利用，这是其节约灌溉水的原因（表 1-1）。

表1-1 不同处理麦田耗水来源及其占总耗水量的比例

(山东农业大学，2013～2014)

处　　理	耗水来源			总耗水量 (mm)	占总耗水量的比例		
	灌水量 (mm)	土壤贮水消耗量 (mm)	降水量 (mm)		灌水量 (%)	土壤贮水消耗量 (%)	降水量 (%)
不灌水	—	168.7c	183	351.7c	—	48.0a	52.0a
定量灌溉60 mm (40 m³/亩)	120.0a	199.1b	183	502.1a	23.9a	39.7b	36.4c
测墒补灌	62.3b	219.2a	183	464.6b	13.4b	47.2a	39.4b

注：定量灌溉处理灌溉量为拔节和开花期各灌溉60 mm（40 m³/亩）；测墒补灌处理是拔节期和开花期依据0～40 cm土层的目标土壤相对含水量均为70%进行计算的。以下各图表的试验处理均如此。

2.增加了小麦对60～140 cm土层土壤贮水的消耗利用

测墒补灌处理的60～140 cm土层土壤贮水消耗量显著高于定量灌溉60 mm处理,说明测墒补灌促进了小麦对深层土壤水的利用(图1-1)。好处有二:一是节约了灌溉水;二是土壤深层水被利用,空出土壤贮水空间,夏季可接纳更多的降水。

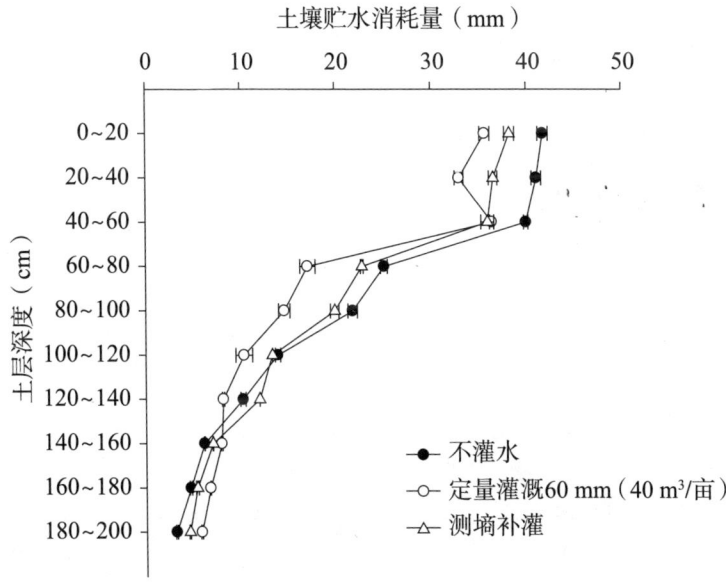

图1-1　不同处理小麦生育期0～200 cm土层土壤贮水消耗量
(山东农业大学,2013～2014)

(二)提高了小麦灌浆中后期旗叶的净光合速率

开花后14～35 d,测墒补灌处理的旗叶净光合速率显著高于定量灌溉60 mm处理,保持较长时间的光合高值持续期,有利于灌浆中后期旗叶制造碳水化合物,供籽粒灌浆(图1-2)。

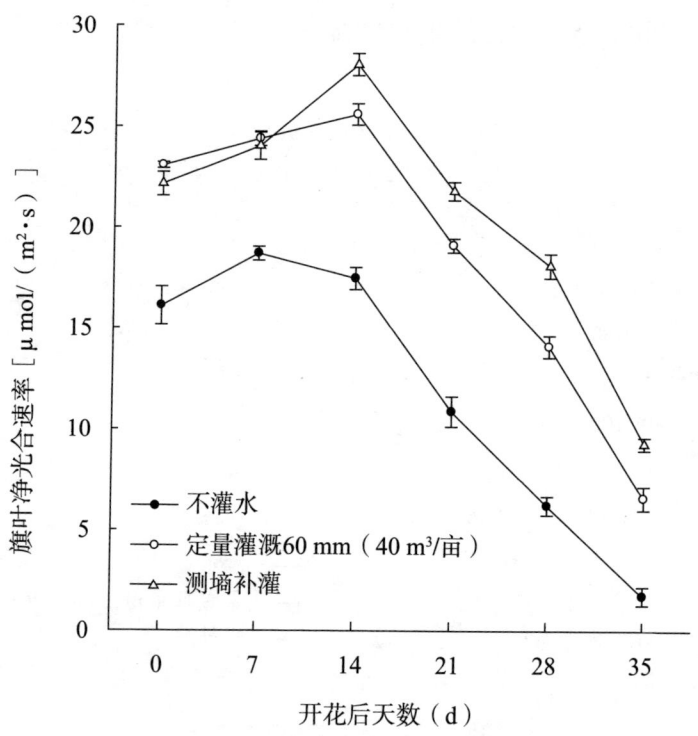

图1-2 不同处理开花后旗叶净光合速率

(山东农业大学,2013～2014)

（三）提高了小麦的根系活力

测墒补灌处理灌浆中后期40~60 cm土层中的根系活力显著高于定量灌溉60 mm处理，有利于延缓根系衰老，提高开花后根系对土壤水分和养分的吸收（图1-3）。

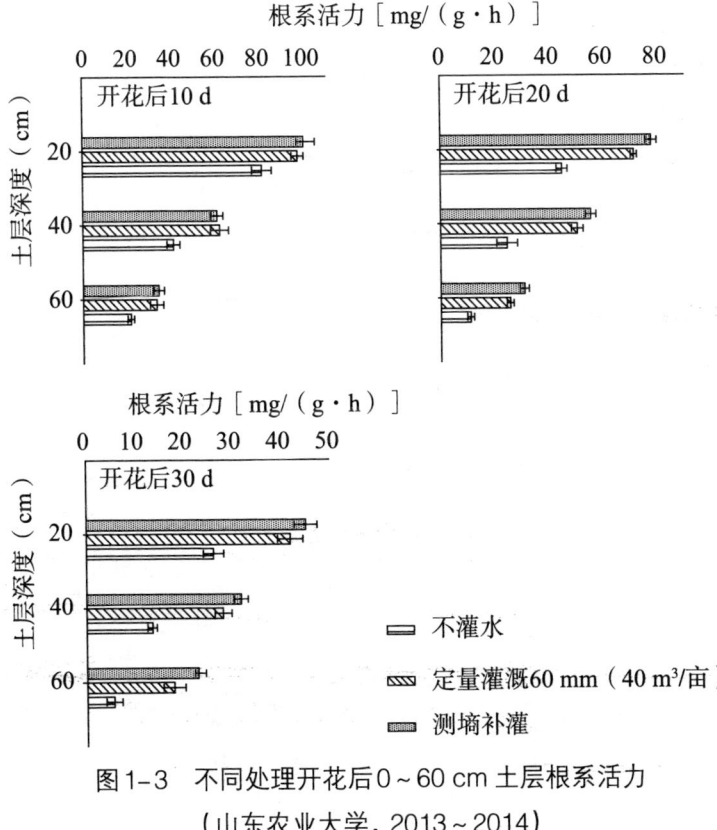

图1-3　不同处理开花后0~60 cm土层根系活力

（山东农业大学，2013~2014）

（四）延缓了小麦旗叶的衰老

旗叶中的超氧化物歧化酶（SOD）是植物体内清除活性氧自由基的关键酶，其活性高表明植株衰老延缓。测墒补灌处理，籽粒灌浆中后期旗叶 SOD 活性显著高于定量灌溉60 mm 处理，延缓了籽粒灌浆期旗叶的衰老，有利于提高光合速率，提高粒重（图1-4）。

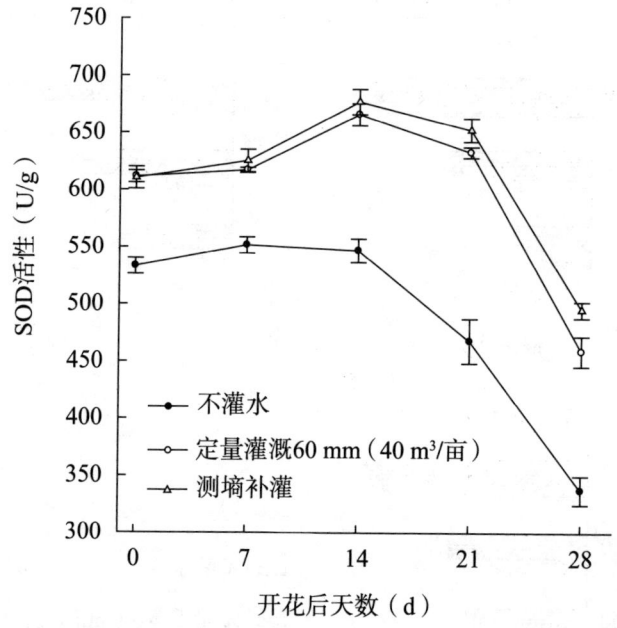

图1-4　不同处理开花后旗叶（鲜重）超氧化物歧化酶（SOD）活性（山东农业大学，2013～2014）

（五）降低了60～200 cm土层土壤硝态氮含量

测墒补灌处理成熟期0～40 cm土层土壤硝态氮含量显著高于定量灌溉60 mm处理，60～200 cm土层显著低于定量灌溉处理，这与测墒补灌处理的60～140 cm土层土壤贮水消耗量显著高于定量灌溉处理相吻合，测墒补灌处理有利于小麦对深层土壤水分和硝态氮的吸收利用，减少了硝态氮向深层土壤的淋溶（图1-5）。

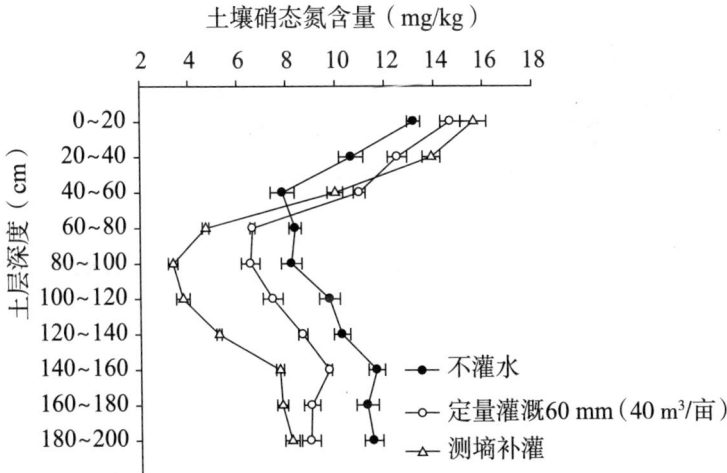

图1-5 不同处理成熟期0～200 cm土层土壤（干重）硝态氮含量
（山东农业大学，2013～2014）

（六）提高了小麦籽粒产量、水分利用效率和灌溉效益

2011～2012年度，测墒补灌处理的总灌水量比定量灌溉拔节期和开花期每次浇水60 mm的处理低57.7 mm（38.5 m^3/亩），麦田耗水量低37.5 mm，籽粒产量高10.7%，水分利用效率和灌溉效益显著高于定量灌溉处理。

2013～2014年度，测墒补灌处理的总灌水量低于定量灌溉拔节期和开花期每次浇水60 mm处理43.4 mm（28.9 m^3/亩），麦田耗水量低28.5 mm，籽粒产量高5.9%，水分利用效率和灌溉效益显著高于定量灌溉处理（表1-2），表明测墒补灌技术可以达到节水高产高水分利用效率的效果。

表1-2 各处理灌水量、麦田耗水量、籽粒产量、水分利用效率和灌溉效益

（山东农业大学）

年度	处理	灌水量（mm）	麦田耗水量（mm）	籽粒产量（kg/亩）	水分利用效率[kg/(亩·mm)]	灌溉效益[kg/(亩·mm)]
2011~2012	不灌水	0	351.7c	433.0c	1.23b	—
	定量灌溉	120.0a	502.1a	580.8b	1.16c	1.23b
	测墒补灌	62.3b	464.6b	643.2a	1.39a	3.37a
2013~2014	不灌水	0	383.5c	423.6c	1.11c	—
	定量灌溉	120.0a	452.6a	567.3b	1.25b	1.20b
	测墒补灌	76.6b	424.1b	600.8a	1.42a	2.31a

注：水分利用效率（kg/亩/mm）= $\dfrac{籽粒产量（kg/亩）}{小麦全生育期耗水量（mm）}$

灌溉效益（kg/亩/mm）= $\dfrac{灌溉后增加的产量（kg/亩）}{灌水量（mm）}$

第二节　小麦测墒补灌节水高产栽培技术的田间灌溉方法

一、微喷带灌溉

（一）用仪器法测定土壤含水量，计算灌水量

1. 利用仪器法测定土壤体积含水量并转换成土壤质量含水量

仪器法测定的数据为土壤体积含水量，需转化为土壤质量含水量。换算公式为：

$$土壤质量含水量（\%）=\frac{土壤体积含水量（\%，土壤水容积／土壤总容积）}{土壤容重（g/cm^3）}$$

2. 计算灌水量

测墒补灌的灌水量计算公式为：

$$补灌水量（m^3／亩）=\frac{20}{3}aH(B_1-B_2)$$

式中：a 为测墒土层土壤平均容重（g/cm³），H 为测墒土层深度（为40 cm），B_1 为目标土壤质量含水量（田间持水量乘以目标土壤相对含水量），B_2 为灌溉前土壤质量含水量。

（二）田间铺设微喷带

1. 灌溉设备

包括水泵、涂塑软管、微喷带、水表等。

2. 操作步骤

（1）主管的铺设：

①主管道为涂塑软管，单条长20 m，多条使用时用铝制或 ABS 材质接头连接。

②主管道直径与水井出水口一致，若水井出水口直径过大，可用两端直径大小不同的接管减小直径。

③主管道一端与水井出水口相连，另一端折叠数次后捆绑密封。所有连接处避免漏水，减少压力损失。

（2）微喷带的铺设：

①微喷带带长40~60 m，带宽65 mm，微喷带喷孔均为6个一组，喷孔组距为35.17 cm，1、6两喷孔直

径1.2 mm，2~5喷孔直径为1.0 mm，各组喷孔呈斜向单列排列，微喷带灌溉时喷射角均为80°。

②试验小区播种8行小麦，微喷带铺设于第4、5行之间的麦行，铺设时喷孔朝上，拉直铺平。

③灌水时微喷带一端连接主管道，另一端折叠数次后用6 cm左右长度的微喷带套住密封。

（3）主管和微喷带的连接：

①根据微喷带铺设间距，使用软带压孔器在主管道上打孔，打孔时应一次按压成型，忌多次按压，否则漏水。

②将鸭舌压板底座放入主管，丝扣部分伸出孔外，由内而外按照底座—主管管壁—橡胶垫—压板的顺序组装，最后将球阀1拧在丝扣上完成鸭舌压板与主管道的固定。连接完成后暴晒4 h，防止漏水。再按照球阀1—水表—球阀2—外丝拉头—微喷带的顺序完成主管道与微喷带首部的连接。

（三）用微喷带进行灌溉的操作步骤

根据计算的每亩灌溉量和每个小区的面积，计算出每个小区灌溉量；记录水表读数，打开阀门进行灌溉,微喷带的喷水宽度以正好辐射畦宽为宜。及时查看水表读数,待灌溉量达到规定灌溉量时,停止灌溉。

(四)注意事项

1. 压力问题

(1)主管压力不可太大,以免与微喷带连接处胀裂。若主管压力过大,可通过开设排水口降低压力。

(2)微喷带喷幅为2 m,压力比较适宜。若压力过大,可增加微喷带使用数量或调节球阀减少压力。若微喷带压力过小,可减少微喷带使用数量,增大压力。

(3)灌水完成后应先关闭主井,防止主管和微喷带连接处胀裂。

2. 天气状况

应选择无风或微风天气灌溉。

二、小白龙涂塑软管分区灌溉

(一)用仪器法测定土壤含水量,计算灌水量

1. 利用仪器法测定土壤体积含水量并转换成土壤质量含水量

仪器法测定的数据为土壤体积含水量,需转化为

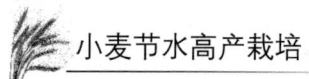

土壤质量含水量。换算公式为：

土壤质量含水量（%）=

$$\frac{土壤体积含水量（\%，土壤水容积 / 土壤总容积）}{土壤容重（g/cm^3）}$$

2. 计算灌水量

测墒补灌的灌水量计算公式为：

$$补灌水量（m^3/ 亩）= \frac{20}{3} aH(B_1 - B_2)$$

式中：a 为测墒土层土壤平均容重（g/cm^3），H 为测墒土层深度，为 40 cm，B_1 为目标土壤质量含水量（田间持水量乘以目标土壤相对含水量），B_2 为灌溉前土壤质量含水量。

（二）测定机井水泵每小时出水量并计算小区灌溉时间

1. 计算每亩补灌时间

用水表测定机井每小时出水量。

每亩补灌时间（h）=

$$\frac{每亩补灌量（mm）}{机井水泵每小时出水量（mm/h）}$$

2. 计算每个小区灌溉时间

试验研究表明，在测墒补灌条件下，小白龙塑料软管一次均匀灌溉的小区面积在 $20 \sim 40$ m^2。灌水量 20 m^3/亩左右时，一次均匀灌溉的小区面积约 20 m^2；灌水量 30 m^3/亩左右时，一次均匀灌溉的小区面积约 30 m^2；灌水量 40 m^3/亩左右时，一次均匀灌溉的小区面积约 40 m^2。

根据计算的灌水量确定小白龙塑料软管一次均匀灌溉面积，然后根据每亩灌溉时间和每亩划分均匀灌溉的小区数量，计算每个小区的灌溉时间。

$$每亩所分灌溉小区个数 = \frac{666.7（m^2）}{一次均匀灌溉的小区面积（m^2）}$$

$$小区灌溉时间（min）= \frac{每亩灌溉时间（min）}{每亩所分灌溉小区个数（个）}$$

（三）小白龙涂塑软管分区灌溉的操作步骤

沿小麦种植方向，在畦梗上铺设小白龙塑料软管，软管两边各1畦小麦，每条软管浇2畦小麦。距水井由远及近的顺序进行灌溉，先灌溉距水井最远的2个小区，按照每个小区的灌溉时间进行灌溉，灌溉时灌水成数为90%，浇完后去掉末端小白龙软管，继续灌溉相邻的2个小区，以此类推，直到灌溉结束。

第三节　小麦测墒补灌节水高产栽培技术的示范推广

2013～2020年，测墒补灌节水高产栽培技术在山东省、河北省和河南省61个示范县进行示范推广。结果表明，测墒补灌节水高产栽培技术比当地传统灌溉节水30%～60%（当地传统灌水量不同，年际间降水量不同，导致节水百分数有一定幅度），水分利用效率提高10%以上，籽粒产量高于或等于习惯灌溉，亩产达550～600 kg，具有节水、高产、减少氮素流失等综合效果。

一、山东省示范推广情况和效果

2013～2020年，小麦测墒补灌节水高产栽培技术在山东省济宁市兖州区、汶上县，淄博市桓台县，青岛市平度市、莱西市、胶州市，烟台市龙口市，临沂市沂南县，济南市济阳县、商河县，德州市陵城区、临邑县，枣庄市滕州市，泰安市岱岳区、肥城市，潍坊市诸城市、青州市、高密市、昌邑市，滨州市博兴县、无棣县，菏泽市鄄城县、定陶区、曹县，聊城市高唐县、茌平县，烟台市农业科学研究院等27个县（市、区）/单位进行了示范推广。部分示范县示范效果如下：

（一）山东省肥城市

肥城市微喷带测墒补灌处理的灌水量比当地传统灌溉低71.0 mm（47.3 m³/亩），节水33.8%，亩产量达557.0 kg，产量显著高于当地传统灌溉，水分利用效率和灌溉水利用效率显著高于当地传统灌溉（表1-3）。

表1-3 肥城市测墒补灌与传统灌溉小麦籽粒产量、麦田耗水量和水分利用效率

（肥城市农业农村局，2017～2018）

处　理	灌水量 （mm）	麦田耗 水量 （mm）	籽粒产量 （kg/亩）	水分利用 效率[kg/ （亩·mm）]	灌溉水利用 效率[kg/ （亩·mm）]
不灌水	0.0c	386.3c	393.5c	1.02c	—
当地传统灌溉	210.0a	492.1a	539.2b	1.10b	2.57b
测墒补灌＋微喷带	139.0b	456.1b	557.0a	1.22a	4.01a

注：测墒补灌处理是拔节期和开花期依据0～40 cm土层的目标土壤
　相对含水量均为70%进行计算的。

（二）山东省龙口市

龙口市微喷带测墒补灌处理的灌水量比当地传统灌溉低48.1 mm（32.1 m³/亩），亩产达601.2 kg，产量与当地传统灌溉无显著差异，水分利用效率和灌溉水利用效率显著高于当地传统灌溉（表1-4）。

表1-4　龙口市测墒补灌与传统灌溉小麦籽粒产量、麦田耗水量和水分利用效率

（龙口市农业农村局，2017~2018）

处　理	灌水量（mm）	麦田耗水量（mm）	籽粒产量（kg/亩）	水分利用效率[kg/（亩·mm）]	灌溉水利用效率[kg/（亩·mm）]
不灌水	0.0c	366.7c	507.3b	1.38b	—
当地传统灌溉	135.0a	462.0a	581.7a	1.26c	4.31b
测墒补灌＋微喷带	86.9b	401.0b	601.2a	1.50a	6.92a

注：测墒补灌处理是拔节期和开花期依据0~40 cm土层的目标土壤相对含水量均为70%进行计算的。

（三）山东省鄄城县

鄄城县测墒补灌处理的灌水量比当地传统灌溉低83.6 mm（55.7 m³/亩），节水61.4%，亩产达592.8 kg，产量与当地传统灌溉无显著差异，水分利用效率和灌溉水利用效率显著高于当地传统灌溉（表1-5）。

表1-5　鄄城县测墒补灌与传统灌溉小麦籽粒产量、麦田耗水量和水分利用效率

（鄄城县农业农村局，2014～2015）

处　理	灌水量（mm）	麦田耗水量（mm）	籽粒产量（kg/亩）	水分利用效率[kg/（亩·mm）]	灌溉水利用效率[kg/（亩·mm）]
不灌水	0	218.5c	538.4b	2.46a	—
当地传统灌溉	136.0a	337.1a	586.7a	1.74c	4.31b
测墒补灌	52.4b	289.5b	592.8a	2.05b	11.31a

注：测墒补灌处理是拔节期和开花期依据0～40 cm土层的目标土壤相对含水量均为75%进行计算的。

二、河北省示范推广情况和效果

2013～2020年，小麦测墒补灌节水高产栽培技术在河北省邯郸市农业科学院，邯郸市永年县、馆陶县、临漳县，衡水市武强县、枣强县、冀州区、安平县，石家庄市农林科学院，石家庄市藁城区、新乐市、正定县、赵县，保定市清苑区、望都县、蠡县，邢台市农业科学院，邢台市巨鹿县、南和县，沧州市泊头市、沧县等21个县（市、区）及部分单位进行了示范推广。部分示范县示范结果如下：

（一）河北省邢台市农业科学院

邢台市农业科学院示范表明，微喷带测墒补灌处理的灌水量比当地传统灌溉低88.3 mm（58.9 m³/亩），节水58.87%，产量显著高于当地传统灌溉，水分利用效率和灌溉水利用效率亦显著高于当地传统灌溉（表1-6）。

表1-6 邢台市测墒补灌与传统灌溉小麦籽粒产量、麦田耗水量和水分利用效率

（邢台市农业科学院，2018～2019）

处 理	灌水量（mm）	麦田耗水量（mm）	籽粒产量（kg/亩）	水分利用效率[kg/（亩·mm）]	灌溉水利用效率[kg/（亩·mm）]
不灌水	0	420.1b	419.5c	1.00b	—
当地传统灌溉	150.0a	534.2a	503.6b	0.94b	3.42b
测墒补灌＋微喷带	61.7b	470.5b	536.4a	1.14a	8.53a

注：测墒补灌处理是拔节期和开花期依据0～40 cm土层的目标土壤相对含水量均为75%进行计算的。

（二）河北省藁城区

河北省藁城区与河北农业大学联合示范表明，

微喷带测墒补灌处理的灌水量比当地传统灌溉低56.5 mm（37.7 m³/亩），节水35.8%，产量与当地传统灌溉无显著差异，达601.2 kg/亩，水分利用效率和灌溉水利用效率显著高于当地传统灌溉（表1-7）。

表1-7　藁城区测墒补灌与传统灌溉小麦籽粒产量、麦田耗水量和水分利用效率

（藁城区农业农村局，河北农业大学，2015～2016）

处　理	灌水量（mm）	麦田耗水量（mm）	籽粒产量（kg/亩）	水分利用效率[kg/（亩·mm）]	灌溉水利用效率[kg/（亩·mm）]
不灌水	0	364.3c	458.2b	1.26b	—
当地传统灌溉	157.9a	464.4a	600.3a	1.29b	3.80b
测墒补灌+微喷带	101.4b	416.7b	601.2a	1.44a	5.93a

注：测墒补灌处理是拔节期和开花期依据0～40 cm土层的目标土壤相对含水量均为75%进行计算的。

三、河南省示范推广情况和效果

2013～2020年，小麦测墒补灌节水高产栽培技术在河南省濮阳市农业科学院，新乡市农业科学院，濮阳市南乐县，安阳市汤阴县、滑县，新乡市获嘉县、新乡县、延津县、长垣县，焦作市武陟县，三门峡市渑池县县，

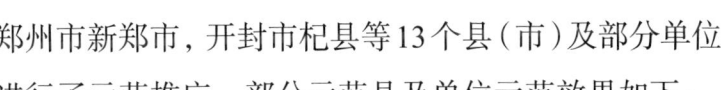

郑州市新郑市, 开封市杞县等13个县(市)及部分单位进行了示范推广。部分示范县及单位示范效果如下:

(一)河南省濮阳市农业科学院

河南省濮阳市农业科学院示范表明, 微喷带测墒补灌处理的灌水量比当地传统灌溉低85.7 mm (57.1 m³/亩), 节水49.3%, 产量显著高于当地传统灌溉, 水分利用效率和灌溉水利用效率显著高于当地传统灌溉(表1-8)。

表1-8 濮阳市农业科学院测墒补灌与传统灌溉小麦籽粒产量、麦田耗水量和水分利用效率

(濮阳市农业科学院, 2017~2018)

处 理	灌水量 (mm)	麦田耗水量(mm)	籽粒产量 (kg/亩)	水分利用效率[kg/ (亩·mm)]	灌溉水利用效率[kg/ (亩·mm)]
不灌水	0c	226.3c	342.9c	1.52c	—
当地传统灌溉	173.9a	371.2a	419.8b	1.13b	2.41b
测墒补灌 +微喷带	88.2b	314.9b	449.2a	1.43a	5.09a

注: 测墒补灌处理是拔节期和开花期依据0~40 cm土层的目标土壤相对含水量均为75%进行计算的。

（二）河南省新乡市农业科学院

河南省新乡市农业科学院示范表明，微喷带测墒补灌处理的灌水量比当地传统灌溉低59.29 mm（39.5 m³/亩），节水49.4%，产量与当地传统灌溉无显著差异，水分利用效率和灌溉水利用效率显著高于当地传统灌溉（表1-9）。

表1-9　新乡市农业科学院测墒补灌与传统灌溉小麦籽粒产量、麦田耗水量和水分利用效率

（新乡市农业科学院，2015～2016）

处　　理	灌水量（mm）	麦田耗水量（mm）	籽粒产量（kg/亩）	水分利用效率[kg/（亩·mm）]	灌溉水利用效率[kg/（亩·mm）]
不灌水	0	281.91c	395.26b	1.40a	—
当地传统灌溉	120.0a	373.16a	473.93a	1.27b	3.95b
测墒补灌＋微喷带	60.71b	349.90b	486.83a	1.39a	8.02a

注：测墒补灌处理是拔节期和开花期依据0～40 cm土层的目标土壤相对含水量均为75%进行计算的。

第二章

小麦宽幅精播节水高产栽培技术

第一节　小麦宽幅精播与常规播种技术的区别

一、什么是小麦宽幅精播节水高产栽培技术

小麦宽幅精播节水高产栽培技术是山东农业大学研究创建的技术。

小麦宽幅精播节水高产栽培技术的主要创新在于发明了小麦宽幅播种机，主要技术创新是把常规播种机的外槽轮式排种器和单排下种管，改为窝眼轮式排种器和双排下种管，小麦播幅苗带由 3 cm 扩大为

8 cm。宽幅播种机由山东省郓城工力有限公司制造。由小麦宽幅播种机播种称为宽幅播种技术。由于小麦播幅苗带加宽，在小麦行距、基本苗等方面有一些改变。这样由小麦宽幅播种机播种，并根据地力、小麦行距等因素，制定相应的栽培要点，称之为小麦宽幅精播高产栽培技术。该技术与常规技术相比达到了小麦节水高产的效果。

二、小麦播种苗带由常规播种3 cm 扩大到宽幅精播8 cm，对小麦生长的好处

在同一块地，同一行距、同一播种量条件下播种，两种播种机播种的麦行中截取同样的行长，小麦的株数是一样的，但是常规播种机播种麦行中，播幅3 cm 麦苗拥挤，麦苗之间光照条件差；宽幅精播的麦行中，播幅8 cm 的麦苗分散开来，麦苗之间光照条件好，单株营养条件好。出苗后，宽幅精播的麦苗比常规播种的麦苗健壮、单株干物重高，奠定了形成壮苗的基础。

同时，宽幅精播的麦田在小麦生长过程中，由于

地上部群体分布均匀，减少了棵间蒸发，植株节水、光合产量高，根系生长好，小麦产量优于常规播种机播种的麦田。

第二节　小麦宽幅精播技术为什么节水高产

一、宽幅精播与常规播种相比，苗带宽，植株分散，棵间土壤蒸发量小，土壤水分不易散失，需要的灌溉量少

（一）宽幅精播减少了拔节期和开花期棵间土壤蒸发量

麦田耗水量主要包括植株蒸腾量和棵间土壤蒸发量。由表2-1可知，宽幅精播处理拔节期和开花期棵间土壤蒸发量显著低于常规播种处理，说明宽幅精播植株分散，植株覆盖地面，棵间土壤蒸发量少，减少了无效水分的散失，土壤含水量较高。

表2-1　宽幅精播与常规播种小麦拔节期和开花期棵间土壤蒸发量

（山东农业大学，2018~2019）

播种方式	蒸发量（mm/d）	
	拔节期	开花期
宽幅精播	0.33b	0.65b
常规播种	0.37a	0.71a

（二）宽幅精播提高了拔节期和开花期0~40 cm土层土壤含水量

由图2-1可知，宽幅精播处理拔节期和开花期灌溉前0~40 cm土层土壤质量含水量显著高于常规播种处理。说明，宽幅精播处理在播种至拔节期和拔节至开花期土壤水分散失少，土壤墒情好，有利于植株生长发育，亦有利于减少灌溉水。

（三）宽幅精播降低了拔节期和开花期灌溉量及总灌溉量

由表2-2可知，利用测墒补灌的方法测定土壤墒情进行补灌，宽幅精播在拔节期和开花期灌溉量及总灌溉量均显著低于常规播种，节约了灌溉水。

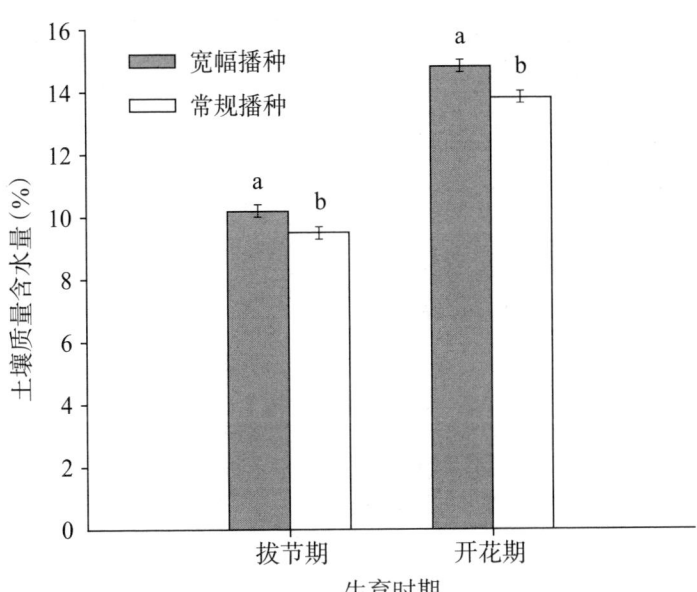

图2-1 宽幅精播与常规播种小麦拔节期和开花期0~40 cm
土层土壤质量含水量(山东农业大学,2018~2019)

表2-2 宽幅精播与常规播种小麦拔节期和开花期灌溉量
及总灌溉量

(山东农业大学,2018~2019)

播种方式	灌溉量(mm)		
	拔节期	开花期	总量
宽幅精播	49.0b	43.1b	92.1b
常规播种	52.8a	46.6a	99.3a

二、宽幅精播小麦在田间分布均匀，根系健壮，吸收能力强，提高了开花至成熟阶段耗水量，促进籽粒灌浆

（一）宽幅精播增加了拔节期和开花期单位体积的根干重和根长度

如表2-3和表2-4所示，宽幅精播处理的拔节期、开花期和开花后20 d的0～20 cm和20～40 cm土层单位体积根干重和根长度均显著高于常规播种处理，说明宽幅精播为根系生长创造了良好的环境，根系健壮，有利于小麦根系对土壤水分和养分的吸收利用。

表2-3　宽幅精播与常规播种小麦拔节期、开花期和开花后20 d的0～40 cm土层单位体积的根干重（10^{-4} g/cm^3）

（山东农业大学，2018～2019）

播种方式	拔节期		开花期		开花后20 d	
	0～20 cm	20～40 cm	0～20 cm	20～40 cm	0～20 cm	20～40 cm
宽幅精播	3.25a	1.77a	5.18a	2.87a	4.55a	2.85a
常规播种	3.06b	1.66b	4.91b	2.71b	4.29b	2.70b

表2-4　宽幅精播与常规播种小麦拔节期、开花期和开花后 20 d 的 0~40 cm 土层单位体积根长度（cm/cm³）

（山东农业大学，2018~2019）

播种方式	拔节期		开花期		开花后 20 d	
	0~20 cm	20~40 cm	0~20 cm	20~40 cm	0~20 cm	20~40 cm
宽幅精播	1.26a	0.73a	2.17a	1.80a	1.94a	1.70a
常规播种	1.19b	0.69b	2.05b	1.69b	1.85b	1.60b

（二）宽幅精播提高了拔节期、开花期和花后 20 d 的根系活力

如表2-5所示，宽幅精播处理拔节期、开花期和开花后20 d 的 0~20 cm 和 20~40 cm 土层的根系活力均显著高于常规播种处理，说明宽幅精播处理比常规播种处理有利于提高小麦根系对土壤水分和养分的吸收能力，延缓植株的衰老，有利于地上部干物质的积累。

表2-5 宽幅精播与常规播种小麦拔节期、开花期和开花后20 d 的0～40 cm 土层根系（鲜重）活力［μg/(g·h)］

（山东农业大学，2018～2019）

播种方式	拔节期		开花期		开花后20 d	
	0～20 cm	20～40 cm	0～20 cm	20～40 cm	0～20 cm	20～40 cm
宽幅精播	151.38a	102.34a	98.78a	81.25a	75.26a	50.96a
常规播种	136.47b	90.39b	92.36b	75.74b	70.18b	47.23b

（三）宽幅精播提高了开花至成熟阶段耗水量及其占总耗水量的比例

由表2-6可知，宽幅精播处理播种至拔节期耗水量及其占总耗水量的比例显著低于常规播种；开花至成熟期显著高于常规播种，说明宽幅精播处理在拔节前耗水少，减少无效水分的消耗，开花后耗水量较高，有利于满足小麦灌浆期对水分的需求，促进籽粒灌浆，提高粒重，获得高产。

表2-6 宽幅精播与常规播种小麦阶段耗水量及其占总耗水量的比例

（山东农业大学，2018～2019）

播种方式	播种—拔节期		拔节—开花期		开花—成熟期	
	耗水量（mm）	耗水比例（%）	耗水量（mm）	耗水比例（%）	耗水量（mm）	耗水比例（%）
宽幅精播	59.7b	11.24b	163.8a	30.85a	307.5a	57.91a
常规播种	64.5a	12.19a	165.6a	31.29a	299.0b	56.52b

三、宽幅精播单株光照条件好，光合有效辐射截获率高，单株生产力强，旗叶光合能力强，穗数和千粒重高

（一）宽幅精播提高了开花后冠层光合有效辐射截获率，减少了透射率

由表2-7可知，宽幅精播与常规播种比较，开花后0、14 d和28 d冠层光合有效辐射截获率均显著高于

常规播种处理，说明宽幅精播比常规播种处理有利于灌浆期维持高光能截获率，促进叶片对光能的吸收利用，有利于植株干物质的积累。

表2-7　宽幅精播与常规播种小麦开花后冠层光合有效辐射截获率(%)

（山东农业大学，2018~2019）

播种方式	开花后天数 (d)		
	0	14	28
宽幅精播	95.01a	93.16a	89.48a
常规播种	91.56b	90.20b	85.33b

（二）宽幅精播提高了开花后旗叶净光合速率

宽幅精播处理在开花后14 d、21 d和28 d旗叶净光合速率显著高于常规播种处理，说明宽幅精播比常规播种处理在灌浆中后期旗叶光合同化能力强，延长了光合高值持续期，促进碳水化合物的高效合成，有利于籽粒灌浆(表2-8)。

表2-8 宽幅精播与常规播种小麦开花后旗叶净光合速率 [μmol/(m² · s)]

（山东农业大学，2018~2019）

播种方式	开花后天数(d)				
	0	7	14	21	28
宽幅精播	20.18a	23.96a	26.36a	22.23a	13.89a
常规播种	20.06a	23.82a	25.06b	19.84b	11.76b

（三）宽幅精播促进了开花后干物质积累量及对籽粒的贡献率

小麦籽粒产量的2/3以上来源于开花后的干物质积累。由表2-9可知，宽幅精播处理开花后干物质积累量及其对籽粒的贡献率均显著高于常规条播处理，说明宽幅精播比常规播种处理促进了开花后干物质的积累及其向籽粒的分配，为获得高产奠定了基础。

表2-9　宽幅精播与常规播种小麦开花后干物质积累量和营养器官同化物转运量

（山东农业大学，2018~2019）

播种方式	开花前营养器官贮藏同化物		开花后干物质	
	转运量（kg/亩）	对籽粒贡献率（%）	积累量（kg/亩）	对籽粒贡献率（%）
宽幅精播	155.8b	24.74b	437.9a	75.26a
常规播种	163.5a	27.89a	422.8b	72.11b

（四）宽幅精播提高了亩穗数和千粒重

小麦的产量构成因素为单位面积穗数、穗粒数和千粒重，三者协调发展可获得较高的产量。由表2-10可知，穗粒数处理间无显著差异，穗数和千粒重均为宽幅精播显著高于常规播种，表明宽幅精播处理在穗粒数不降低的基础上，通过提高单位面积穗数和粒重，获得较高的产量。

表2-10 宽幅精播与常规播种小麦产量构成因素的区别

（山东农业大学，2018~2019）

播种方式	穗数（万/亩）	穗粒数（粒/穗）	千粒重（g）
宽幅精播	45.3a	40.01a	41.61a
常规播种	43.4b	40.39a	39.79b

四、宽幅精播提高了籽粒产量和水分利用效率

如表2-11所示，宽幅精播处理籽粒产量、水分利用效率和灌溉水利用效率均显著高于常规播种处理，宽幅精播种植方式为节水高产的播种方式。

表2-11 宽幅精播与常规播种小麦籽粒产量、水分利用效率和灌溉水利用效率

（山东农业大学，2018~2019）

播种方式	籽粒产量（kg/亩）	水分利用效率[kg/(亩·mm)]	灌溉水利用效率[kg/(亩·mm)]
宽幅精播	629.7a	1.19a	6.84a
常规播种	586.3b	1.11b	5.90b

第三节　宽幅精播适宜行距和基本苗的确定

在明确了宽幅精播节水高产的生理原因后，进一步研究了宽幅精播节水高产的适宜行距和基本苗，完善了小麦宽幅精播节水高产栽培技术。

一、行距25 cm 为宽幅精播节水高产栽培的适宜行距

本课题组的试验地在山东省济宁市兖州区小孟镇史王村高肥力地块（0~20 cm 土层土壤有机质含量为14.2g/kg，全氮含量为1.24 g/kg，碱解氮含量为120.95 mg/kg，速效磷含量为31.19 mg/kg，速效钾含量为111.25 mg/kg），生产中常规播种小麦的平均行距为20 cm，宽幅精播技术的播幅为8 cm，常规播种的小麦播幅为3 cm。宽幅精播的播幅宽了，要不要适当扩大小麦行距呢？为了研究这个问题，在宽幅精播的条件下，设置了行距为20 cm、25 cm 和30 cm 的三个处理，研究了不同行距对小麦产量和水分利用效率的影响。

（一）行距为25 cm的宽幅精播降低了灌溉量

由表2-12可知，行距为25 cm的宽幅精播处理在拔节期和开花期的灌水量及总灌水量显著低于行距为20 cm和30 cm的处理，节约了灌溉水。

表2-12　不同行距小麦拔节期和开花期灌溉量及总灌溉量

（山东农业大学，2018～2019）

行距（cm）	灌溉量（mm）		
	拔节期	开花期	总量
20	55.1a	46.3a	101.4a
25	49.0c	43.1b	92.1b
30	52.5b	45.9a	98.4a

（二）行距为25 cm的宽幅精播提高了小麦灌浆中后期的光合速率

由表2-13可知，在开花期，处理间旗叶净光合速率无显著差异；在花后7 d，行距为25 cm的处理与行距为30 cm处理的旗叶净光合速率无显著差异，显著高于行距为20 cm的处理；行距为25 cm的宽幅精播处理在开花后14 d、21 d和28 d，旗叶净光合速率显著高于行距为 20 cm 和 30 cm 的处理，有利于灌浆中后期旗叶制造更多的碳水化合物，提高粒重。

表2-13 不同行距小麦开花后旗叶净光合速率

[μmol/(m² · s)]

（山东农业大学，2018～2019）

行距 (cm)	开花后天数(d)				
	0	7	14	21	28
20	19.82a	21.44b	21.12c	16.18c	8.02c
25	20.18a	23.96a	26.36a	22.23a	13.89a
30	19.94a	23.65a	24.89b	19.68b	11.73b

（三）行距为25 cm 的宽幅精播提高了开花后干物质积累量

由表2-14可知，开花前营养器官贮藏同化物向籽粒的转运量和对籽粒的贡献率表现为行距为20 cm 的处理最高，其次为行距为30 cm 的处理，行距为25 cm 的最低；但行距为25 cm 的宽幅精播处理开花后干物质积累量及对籽粒的贡献率显著高于行距为20 cm 和30 cm 的处理，为获得高产奠定了基础。

表2-14　不同行距小麦开花后干物质积累量和营养器官同化物转运量

（山东农业大学，2018~2019）

行距（cm）	开花前营养器官贮藏同化物		开花后干物质	
	转运量（kg/亩）	对籽粒贡献率（%）	积累量（kg/亩）	对籽粒贡献率（%）
20	168.8a	30.67a	381.5c	69.33c
25	155.8c	24.74c	473.8a	75.26a
30	161.6b	27.93b	417.1b	72.07b

（四）行距为25 cm的宽幅精播获得最高产量和水分利用效率

由表2-15可知，行距为25 cm处理的穗数与行距为20 cm处理无显著差异，显著高于行距为30 cm的处理；行距为25 cm处理的穗粒数与行距为30 cm的处理无显著差异，显著高于行距为20 cm的处理，千粒重最高，获得了最高的籽粒产量，其水分利用效率和灌溉水利用效率亦最高。本试验条件下，25 cm为宽幅精播的最佳行距。

表2-15　不同行距小麦籽粒产量、水分利用效率和灌溉水利用效率

（山东农业大学，2018～2019）

行距(cm)	穗数(万/亩)	穗粒数(粒/穗)	千粒重(g)	籽粒产量(kg/亩)	水分利用效率[kg/(亩·mm)]	灌溉水利用效率[kg/(亩·mm)]
20	46.2a	37.52b	37.88c	550.3c	1.11b	5.43c
25	45.3a	40.01a	41.61a	629.7a	1.19a	6.84a
30	43.3b	40.21a	39.77b	578.7b	1.10b	5.88b

二、每亩12万基本苗为宽幅精播节水高产栽培的适宜基本苗

在本课题组试验地兖州区小孟镇史家王村的地力条件下，设置每亩6万、12万、18万和24万4个基本苗处理，研究了基本苗对小麦产量和水分利用效率的影响。

（一）每亩12万基本苗的宽幅精播减少了灌溉量

由表2-16可知，基本苗为12万/亩的处理，在拔

节期和开花期的补灌量以及总补灌量均显著低于基本苗为18万/亩和24万/亩的处理，节约了灌溉水。

表2-16　小麦不同基本苗在不同生育时期补灌量及全生育
时期总补灌量

（山东农业大学，2018～2019）

基本苗	补灌量(mm)		
（万/亩）	拔节期	开花期	总量
6	43.14d	43.56c	86.70d
12	48.16c	50.49b	98.65c
18	53.15b	58.92a	112.07b
24	55.44a	60.12a	115.56a

（二）每亩12万基本苗的宽幅精播优化了小麦的群体结构

基本苗为12万/亩的处理在小麦越冬期、返青期和拔节期的群体总茎数均显著低于基本苗为18万/亩和24万/亩的处理；在开花期和成熟期与18万/亩的处理无显著差异，显著低于24万/亩的处理，显著高于6万/亩的处理，分蘖成穗率最高。表明基本苗为12万/亩的处理在全生育期的群体结构比较合理，分蘖成穗率达到最高（表2-17）。

表2-17 小麦不同基本苗各生育时期群体总茎数及分蘖成穗率

（山东农业大学，2018～2019）

基本苗 （万/亩）	群体总茎数（万/亩）					分蘖成 穗率(%)
	越冬期	返青期	拔节期	开花期	成熟期	
6	43.6d	75.8d	71.2d	34.9c	34.0c	44.88b
12	53.2c	88.01c	81.0c	47.0b	46.2b	52.51a
18	67.9b	115.0b	108.6b	46.9b	46.2b	40.17c
24	80.4a	140.4a	129.1a	52.4a	48.3a	34.89d

（三）每亩12万基本苗的宽幅精播提高了小麦开花后冠层光截获率和光能利用率

基本苗为12万/亩处理的冠层光截获率和光能利用率与18万/亩的处理无显著差异，显著高于其他处理，透射率较低。表明，基本苗为12万/亩的处理促进小麦对光能的利用，有利于干物质积累，为获得高产奠定了基础（表2-18）。

表2-18 不同基本苗小麦开花后7d冠层光截获率和光能利用率

（山东农业大学，2018~2019）

基本苗 （万/亩）	截获量 （MJ/m²）	截获率 （%）	透射率 （%）	光能利用率 （g/MJ）
6	8.79b	90.12b	9.88b	1.30b
12	8.89a	94.86a	5.14c	1.39a
18	8.84a	94.75a	5.25c	1.35a
24	8.64c	88.16c	11.84a	1.27b

（四）每亩12万基本苗的宽幅精播提高了拔节至成熟期干物质积累量

由表2-19可知，返青至拔节阶段，基本苗为12万/亩处理的干物质积累量与6万/亩处理无显著差异，显著低于基本苗为18万/亩和24万/亩的处理；在拔节至开花阶段和开花至成熟阶段，基本苗为12万/亩处理的干物质积累量最高。这表明每亩12万基本苗的处理促进了小麦生育中后期干物质积累，利于获得高产。

表2-19 不同基本苗小麦各生育阶段干物质积累量（kg/亩）

（山东农业大学，2018~2019）

基本苗（万/亩）	返青—拔节期	拔节—开花期	开花—成熟期
6	214.8c	258.4c	230.2d

（续表）

基本苗（万/亩）	返青—拔节期	拔节—开花期	开花—成熟期
12	218.9c	316.9a	281.4a
18	236.3b	285.2b	269.8b
24	242.9a	258.8c	239.3c

（五）每亩12万基本苗的宽幅精播提高了根系活力

如表2-20所示，基本苗为12万/亩处理在拔节期、开花期及开花后20 d，20～40 cm土层根系活力显著高于基本苗为18万/亩和20万/亩的处理，说明基本苗为12万/亩处理有利于提高小麦根系对土壤水分和养分的吸收能力，延缓植株衰老。

表2-20　不同基本苗小麦不同生育时期根系（鲜重）活力

（山东农业大学，2018～2019）

土层（cm）	基本苗（万/亩）	根系活力［μg/(g·h)］		
		拔节期	开花期	开花后20 d
0～20	6	74.15c	53.12b	30.15b
	12	79.65b	54.48b	36.15a
	18	90.31a	62.56a	38.45a
	24	88.56a	61.13a	37.65a

（续表）

土层（cm）	基本苗（万/亩）	根系活力［μg/(g·h)］		
		拔节期	开花期	开花后20 d
20~40	6	109.45a	73.65a	61.23a
	12	113.34a	76.53a	63.59a
	18	100.27b	66.32b	50.28b
	24	97.76b	64.31b	48.45b

（六）每亩12万基本苗的宽幅精播获得最高的籽粒产量和水分利用效率

如表2-21所示，基本苗为12万/亩的处理单位面积穗数与18万/亩处理无显著差异，显著高于6万基本苗处理，显著低于24万基本苗处理；基本苗为12万/亩的处理获得了最高的穗粒数和千粒重，籽粒产量和水分利用效率亦显著高于其他处理。表明基本苗为12万/亩的处理产量三因素协调，获得最高的产量和水分利用效率，为宽幅精播的最佳基本苗。

表2-21 不同基本苗小麦籽粒产量及水分利用效率

（山东农业大学，2018~2019）

基本苗（万/亩）	单位面积穗数（万/亩）	穗粒数（粒/穗）	千粒重（g）	籽粒产量（kg/亩）	水分利用效率［kg/(亩·mm)］
6	34.0d	38.6a	42.1a	543.5d	0.97c

（续表）

基本苗（万/亩）	单位面积穗数（万/亩）	穗粒数（粒/穗）	千粒重（g）	籽粒产量（kg/亩）	水分利用效率[kg/(亩·mm)]
12	46.2b	38.6a	42.0a	610.6a	1.15a
18	46.3b	37.9b	39.3b	575.1b	1.02b
24	48.3a	35.6c	36.1c	544.2c	0.96d

注：本试验是在亩产 600 kg 高产条件下进行的。

三、不同区域、不同地力利用宽幅精播节水高产栽培技术时小麦行距和基本苗的确定

本课题组试验是在山东省济宁市兖州区小孟镇史家王村的院士试验站试验田进行的，试验地0～20 cm 土层土壤有机质含量为14.2 g/kg，全氮含量为1.24 g/kg，碱解氮含量为120.95 mg/kg，速效磷含量为31.19 mg/kg，速效钾含量为111.25 mg/kg，小麦产量在600 kg/亩左右，是高产地块，用常规播种机播种小麦平均行距为20 cm。在这样的条件下，用宽幅精播机播种，小麦行距为25 cm，基本苗为12万/亩，节水高产效果最好。

在河北省和河南省，许多麦田用常规播种机，小

麦平均行距是15 cm，土壤肥力也不同，用宽幅精播机行距多少为宜呢？因为宽幅播种的小麦播幅较常规播种的宽，行距也应比常规播种的适当加宽，但不宜照搬本课题组的25 cm的行距，建议适当扩大行距。行距和基本苗以根据试验数据确定为宜。

第四节　小麦宽幅精播节水高产栽培技术要点

一、合理选用品种

根据当地生态和生产条件、产量和管理水平，选用适宜的品种。

二、地力条件

土层厚度 ≥ 150 cm，耕作层 ≥ 20 cm。高产麦田 0 ~ 20 cm土层土壤有机质含量 ≥ 1.4%，全氮含量 ≥ 1.0%，碱解氮含量 ≥ 100 mg/kg，速效磷含量 ≥ 30 mg/kg，速效钾含量 ≥ 120 mg/kg。

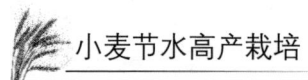

中产麦田 0～20 cm 土层土壤有机质含量 ≥ 1.3%，碱解氮含量 ≥ 90 mg/kg，速效磷含量 ≥ 20 mg/kg，速效钾含量 ≥ 100 mg/kg。

三、播前精细整地

要求前茬秸秆还田，作物秸秆粉碎长度不超过 5 cm，深耕 23～25 cm，耕后用旋耕机破碎坷垃。然后用镇压器镇压，避免土壤悬松，播种时种子入土过深。实行深松的麦田要深松 30 cm，深松后旋耕，然后用镇压器镇压。深耕和深松的麦田可以一年深耕或深松，2 年不深耕不深松，仅是旋耕。

四、宽幅精播

（一）播种期

根据各地的适宜播种期播种，以满足冬前 0℃ 以上积温 570～650℃，日平均气温 18～16℃ 时播种为宜。

（二）播种量、药剂拌种和造墒

高产田适宜的基本苗为每亩 12 万～13 万，中产田适宜的基本苗为每亩15万~16万，整地质量差或播期推迟的麦田可适当增加播量。播种前用高效低毒的小麦专用种衣剂包衣或拌种。播种期0~40 cm土层相对土壤含水量低于70%应浇水造墒，灌水量为40 m³/亩。

（三）用宽幅精播机播种

采用山东郓城工力有限公司生产的小麦宽幅精量播种机进行播种，该播种机采用窝眼轮式排种器，双排下种管，播幅为8 cm，行距为25 cm，播种深度为3~5 cm。

五、因地力和产量确定施肥量，实施氮肥后移

根据土壤基础肥力施用氮磷钾肥，提倡施用有机肥。产量水平在500~700 kg/亩高产地块，施纯氮（N）14~16 kg/亩，磷（P_2O_5）6~8 kg/亩，钾（K_2O）6~8 kg/亩。氮肥基肥50%、拔节期追肥50%，或基肥40%、追肥60%，磷肥和钾肥均底施。

产量水平在400~500 kg/亩的中产地块，化肥施纯氮（N）12~14 kg/亩，磷（P_2O_5）5~7 kg/亩，钾

（K₂O）5～7 kg/亩。氮素化肥50%底施，50%拔节期
追施；磷肥和钾肥均底施。

六、适时灌溉

在小麦拔节期和开花期两次灌溉。拔节期应配合
追肥浇拔节水，小麦开花期浇开花水，每次灌水量均为
40 m³/亩。麦黄水降低产量和品质，避免浇麦黄水。

七、综合防治病虫草害

在冬前和早春适宜时期化学除草；拔节期注意防
治纹枯病，抽穗期注意防治赤霉病，后期注意防治锈
病、白粉病及蚜虫。在小麦灌浆期可以进行"一喷三
防"，综合防治病害、虫害，加上植物生长调节剂或磷
酸二氢钾防止干热风和叶片早衰。

八、适时收获

蜡熟末期至完熟初期茎秆全部变黄、籽粒坚硬时，
采用联合收割机收获。

第三章

小麦深松少免耕镇压节水高产栽培技术

第一节　小麦深松少免耕镇压节水高产栽培技术的概念、类型和效果

一、什么是小麦深松少免耕镇压节水高产栽培技术

小麦深松少免耕镇压节水高产栽培技术是山东农业大学研究创建的技术。

目前，小麦生产中仅用旋耕机旋耕后播种的面积很大，这种耕作模式不利于蓄水保墒和根系下扎，影

响根系对深层土壤水分的吸收利用；旋耕后不镇压土壤悬松，会导致播种过深，影响出苗。为解决这些问题，创建了小麦深松少免耕镇压节水栽培技术。

小麦深松少免耕镇压节水栽培技术的关键技术主要是在小麦播种前整地时，改用铧式犁耕地20～25 cm为用深松犁深松30～35 cm，铧式犁耕地要翻土，深松犁深松不翻土，是把深松犁头插入30～35 cm地下，一边向前移动，一边抖动，破碎犁底层。第二就是配套改进了旋耕技术和播种镇压技术。

该技术通过秸秆还田、深松、镇压等技术，可有效提高土壤有机质含量，增加土壤水分蓄积，促进根系下扎，提高根系活力，增加小麦植株抗旱抗寒能力，延缓衰老，增加粒重，提高产量和水分利用效率。

二、小麦深松少免耕镇压节水高产栽培技术的类型

小麦深松少免耕镇压节水高产栽培技术有两种类型，第一种类型称为小麦深松—镇压—条旋耕施肥播

种镇压一体机节水高产栽培技术，包括玉米秸秆还田＋深松30 cm＋镇压2遍＋条旋耕施肥播种镇压一体机播种4个关键环节；第二种类型是在没有条旋耕施肥播种镇压一体机情况下的技术，称为深松—旋耕—耙压—施肥播种镇压节水高产栽培技术，包括玉米秸秆还田＋深松30 cm＋旋耕15 cm＋耙压或镇压2遍＋常规播种机施肥播种镇压5个关键环节。

三、小麦深松少免耕镇压节水高产栽培技术的效果

小麦深松少免耕镇压节水栽培技术与常规旋耕技术比较，打破犁底层，促进雨水下渗，减少水分蒸发，增加了土壤蓄水量；还田的秸秆粉碎后在土壤表层，减少土壤蒸发；提高小麦生育中后期的旗叶光合速率、籽粒灌浆速率、干物质积累总量及其在籽粒中的分配量，延缓了根系和旗叶的衰老，提高了籽粒产量。运用该技术水分利用效率比仅旋耕的常规技术提高10%左右，籽粒产量提高10%左右。

第二节 小麦深松—镇压—条旋耕施肥播种镇压一体机节水高产栽培技术

一、小麦深松—镇压—条旋耕施肥播种镇压一体机节水栽培的技术环节

该技术的关键环节为玉米秸秆还田＋深松30 cm+镇压＋条旋耕施肥播种镇压一体机播种，即将前茬玉米秸秆全部粉碎还田后，用深松机深松一遍，深度为30～35 cm，用镇压器镇压，然后用条旋耕施肥播种镇压一体机一次性完成条旋耕（仅在播种带旋耕）、深施化肥、播种、播种后镇压等作业。

小麦条旋耕施肥播种镇压一体机由悬挂装置、齿轮箱总成、旋耕刀轴总成、排肥链传动、排种链传动、种肥箱总成、施肥开沟器、播种开沟器、镇压器等组成。作业时由拖拉机牵引，拖拉机的后动力输出轴通过齿轮箱带动旋耕刀轴旋转，刀片只对播种带进行条形旋耕，排肥器将肥料箱中的肥料按要求的量排入地下10 cm，经过第一次镇压后，排种器按要求的播种深度播入种子，靠开沟器自动回土作用覆土；镇压轮进

行镇压，保证种子顺利出苗。

该机器一次完成播种带旋耕、施肥、播种、覆土和镇压等作业，进地次数少，降低了成本，减轻了劳动强度。

二、小麦深松—镇压—条旋耕施肥播种镇压一体机节水栽培技术要点

（一）秸秆还田

用玉米秸秆还田机将玉米秸秆粉碎 2～3 遍，秸秆长度 5 cm 左右。

（二）造墒

小麦出苗的适宜土壤湿度为田间最大持水量的 70%～75%。秋种时若墒情适宜，则不需要造墒，应在玉米收获后及时秸秆还田、深松、镇压、播种。墒情不足的地块，应在玉米秸秆还田后按照测墒补灌的程序灌水造墒，也可以每亩灌水 40 m³。对于土壤黏重的地块，也可在小麦播种后立即浇"蒙头水"，墒情适宜时搂划破土，辅助出苗。

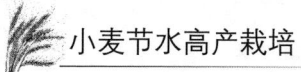

（三）深松

用90马力拖拉机牵引震动式深松犁深松30 cm，边震动边松动土层，打破犁底层。深松不必每年都进行，每隔2年深松一次。

（四）镇压

深松后耕层土壤悬松，易造成小麦播种过深，形成深播弱苗。所以深松后要及时用镇压器镇压，达到地面平整、上松下实，可防止土壤水分过度蒸发，保证播种后种子与土壤紧密接触，播种深度一致，出苗整齐健壮，提高小麦抗旱抗寒能力。

（五）用条旋耕施肥播种镇压一体机播种

用条旋耕施肥播种镇压一体机播种，6行播种机需用40马力的拖拉机牵引，8行播种机需用90马力的拖拉机牵引。不能行走太快，每小时5 km，保证下种均匀，深浅一致，不漏播、不重播。条旋耕施肥播种镇压一体机带有镇压装置，在小麦播种时随种随压，提高小麦出苗质量和苗期抗旱能力。

三、小麦深松—镇压—条旋耕施肥播种镇压一体机节水栽培技术的优点

2007年秋，课题组设计的长期定位耕作模式试验在山东省兖州区史家王子村进行，本试验在长期定位第8年进行。试验采用随机区组设计，设置旋耕、翻耕和间隔2年深松＋条旋耕3种耕作模式，研究它们对麦田土壤理化特性、耗水特性和产量形成的影响，以期为小麦节水高产栽培提供理论依据。不同耕作模式作业程序见表3–1。

表3–1　不同耕作模式作业程序

（山东农业大学）

耕作模式	作 业 程 序
旋耕	前茬玉米秸秆粉碎还田→撒施底肥→ IGQN–200K–QY 型旋耕机旋耕2遍（工作深度15 cm）→耙地2遍→筑埂打畦→播种机播种
翻耕	前茬玉米秸秆粉碎还田→撒施底肥→ ILFQ330型铧式犁耕翻1遍（工作深度25 cm）→旋耕机旋耕2遍（工作深度15 cm）→耙地2遍→筑埂打畦→播种机播种
深松＋条旋耕	前茬玉米秸秆粉碎还田→ ZS–180型振动深松机深松1遍（工作深度38 cm）→镇压2遍→2BMYF–10/5型多功能免耕施肥播种机一次性完成播种行旋耕、施肥和播种作业

（一）提高了 0～45 cm 土层土壤质量

1.降低了土壤容重和紧实度，改善了土壤三相比

土壤容重为田间自然垒结状态下单位容积土体的质量，疏松多孔的土壤容重小，紧实度低。土壤紧实度高，不利于根系生长。三相比为土壤固、液和气三相容积之比，若气相率较低，会妨碍土壤通气性而抑制植物根系和好气微生物活动。

由表3-2可知，间隔两年深松＋条旋耕处理显著降低了0～45 cm 土层的容重，改善了土壤的三相比，尤其是增加了气相的比例，有利于提高土壤的通气性，改善了土壤物理结构。由图3-1可知，间隔两年深松＋条旋耕处理0～15 cm、15～30 cm 和30～45 cm 土层的紧实度均较低，尤其是30～45 cm 土层显著低于其他处理。

表3-2　不同耕作模式对0～45 cm 土层土壤物理性质的影响

（山东农业大学，2014～2015）

处　理	容重（g/cm³）	三相比（%）		
		固相	液相	气相
翻耕	1.47a	55.84a	21.20a	22.96b

（续表）

处 理	容重 （g/cm³）	三相比（%）		
		固相	液相	气相
旋耕	1.49a	56.56a	21.23a	22.21b
隔2年深松＋条旋耕	1.43b	53.97b	20.85a	25.19a

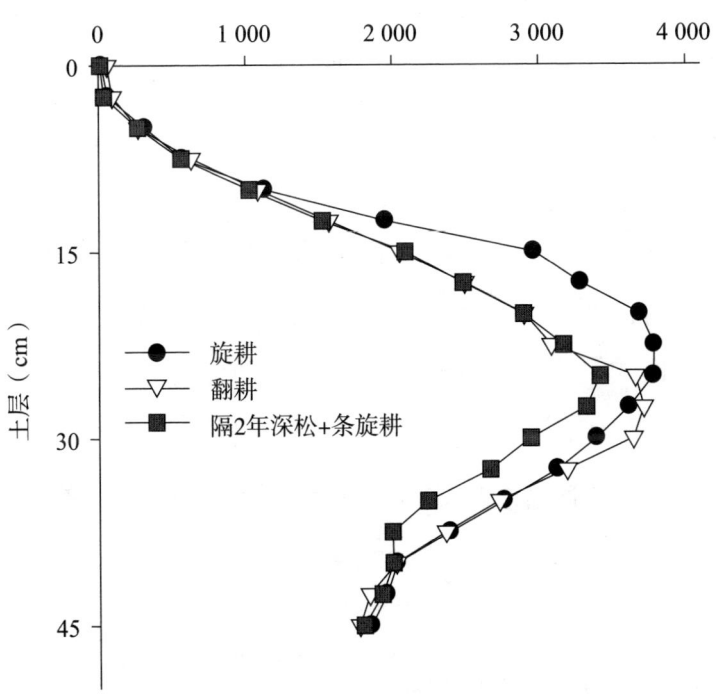

图3-1 不同耕作模式对0~45 cm 土层土壤紧实度的影响
（山东农业大学，2014~2015）

2. 提高了土壤微生物量和活性

土壤微生物参与土壤有机质矿化过程，在土壤养分转化与物质循环中发挥重要的作用，是反映土壤养分潜力的重要指标，对环境变化反应敏感。土壤微生物量碳、氮是土壤微生物生物量的主要组成部分。土壤微生物量碳、氮与土壤中各种营养物质的循环息息相关，在土壤肥力和植物各种养分中具有重要的作用，且被视为土壤肥力变化的重要指标之一。由表3-3可知，耕作模式能有效调节0~45 cm土层土壤微生物量及其活性，间隔2年深松+条旋耕处理0~45 cm土层的平均微生物量氮、微生物量碳以及活跃微生物含量均显著高于其他处理。表明，间隔2年深松+条旋耕耕作模式提高了土壤微生物量及活性，有利于加速土壤养分循环，增加土壤中有效养分含量。

表3-3　不同耕作模式对0~45 cm土层土壤微生物量及活性的影响

（山东农业大学，2014~2015）

处　理	微生物量碳（mg/100 g）	微生物量氮（mg/100 g）	微生物量碳：氮	活跃微生物量（mg/kg）
旋耕	22.79b	4.92b	4.58a	56.86c

（续表）

处　理	微生物量碳 (mg/100 g)	微生物量氮 (mg/100 g)	微生物量 碳：氮	活跃微生物量 (mg/kg)
翻耕	24.27b	5.22b	4.60a	61.37b
隔2年深松 ＋条旋耕	30.81a	6.60a	4.58a	74.58a

3. 提高了0~45 cm土层土壤养分含量

由表3-4可知，间隔2年深松＋条旋耕处理0~45 cm土层的土壤有机质、全氮和速效养分（碱解氮、速效磷和速效钾）含量均显著高于其他处理。可见，间隔2年深松＋条旋耕耕作模式提高了土壤肥力，有利于小麦根系的生长和发育。

表3-4　不同耕作模式对0~45 cm土层土壤养分含量的影响

（山东农业大学，2014~2015）

处　理	有机质 (g/kg)	全氮 (g/kg)	碱解氮 (mg/kg)	速效磷 (mg/kg)	速效钾 (mg/kg)
旋耕	6.82c	0.67b	56.89b	21.17b	89.22b
翻耕	7.31b	0.69b	60.10b	21.38b	89.67b
隔2年深松 ＋条旋耕	9.14a	0.85a	69.35a	27.58a	104.73a

（二）打破犁底层，增加了夏季土壤蓄水，提高了播种前0～200 cm土层土壤蓄水量

由图3-2可知，播种前各处理0～60 cm土层土壤含水量无显著差异。80～160 cm土层为间隔2年深松＋条旋耕处理，土壤含水量显著高于其他处理。表明间隔2年深松＋条旋耕耕作模式可打破犁底层，增加夏季土壤蓄水，提高了播种前0～200 cm土层的土壤蓄水量，有利于小麦正常生长发育。

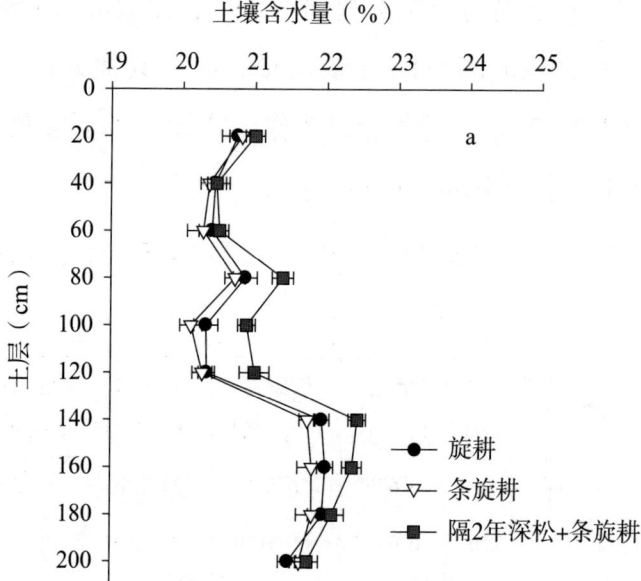

图3-2 不同耕作模式对小麦播种前土壤含水量的影响
（山东农业大学，2014～2015）

（三）降低了成熟期0～200 cm土层土壤含水量

由图3-3可知，成熟期各处理0～40 cm土层土壤含水量无显著差异。60～140 cm土层为间隔2年深松＋条旋耕处理，土壤含水量显著低于旋耕和翻耕处理。160～200 cm土层各处理间无显著差异。表明间隔2年深松＋条旋耕耕作模式成熟期60～140 cm土层的土壤含水量显著降低，促进了小麦对该土层土壤贮水的吸收利用，延缓植株衰老，同时也能够腾出空间接纳夏季降水。

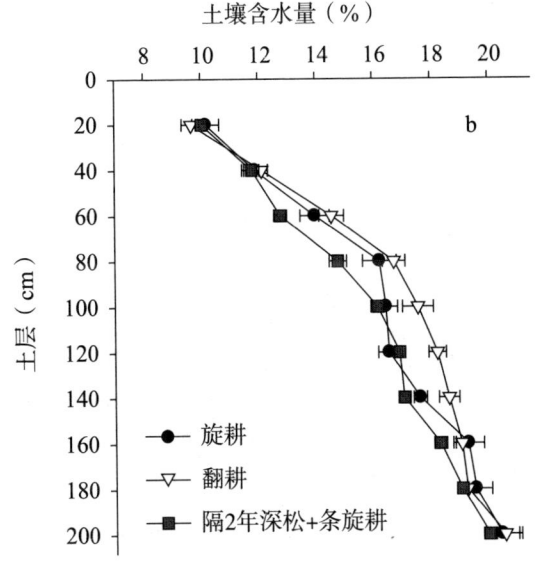

图3-3　不同耕作模式对成熟期土壤含水量的影响
（山东农业大学，2014～2015）

（四）促进了小麦对深层土壤贮水的吸收利用

由图3-4可知，小麦生育期0～40 cm土层的土壤贮水消耗量处理间无显著差异，60～140 cm土层为间隔2年深松+条旋耕模式显著高于其他处理，160～200 cm土层处理间无显著差异。表明间隔2年深松+条旋耕耕作模式促进了60～140 cm土层土壤贮水的吸收，有利于小麦对深层土壤水的高效利用。

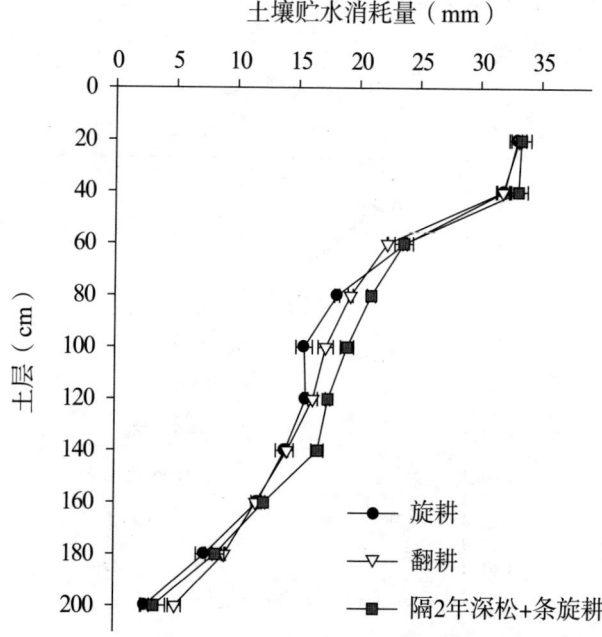

图3-4　不同耕作模式对0～200 cm土层土壤贮水消耗量的影响
（山东农业大学，2014～2015）

(五)改善了小麦光合特性

1. 提高了灌浆中后期旗叶净光合速率

由图3-5可知,花后0~7 d各处理旗叶净光合速率无显著差异;花后14~35 d为间隔2年深松+条旋耕处理显著高于翻耕和旋耕处理。表明间隔2年深松+条旋耕处理在小麦籽粒灌浆中后期的旗叶净光合速率较高,有利于灌浆中后期碳水化合物的合成,提高粒重。

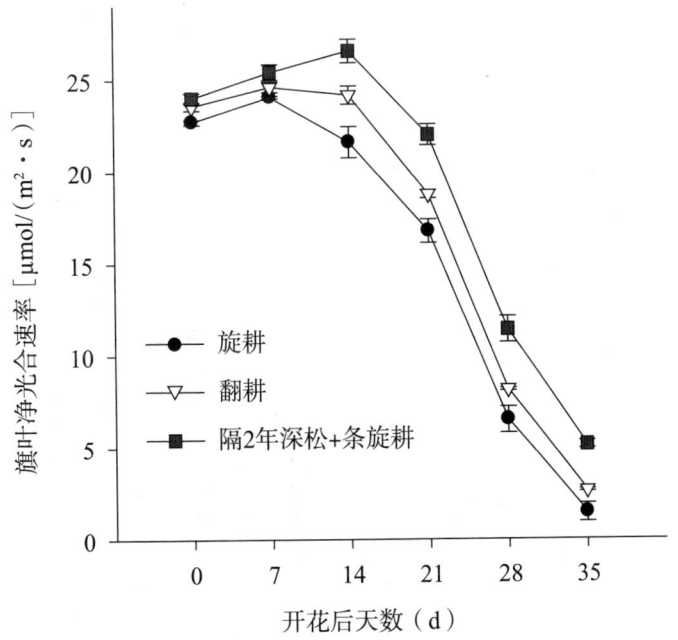

图3-5 不同耕作模式对小麦花后旗叶净光合速率和蒸腾速率的影响(山东农业大学,2014~2015)

2. 增加了成熟期干物质积累量

越冬期和返青期的干物质积累量各处理间均无显著差异（图3-6）；拔节期和开花期，间隔2年深松＋条旋耕处理与翻耕处理无显著差异，但显著高于旋耕处理；成熟期为间隔2年深松＋条旋耕处理显著高于翻耕处理，旋耕处理干物质积累量最低。表明间隔2年深松＋条旋耕处理促进了小麦开花后干物质的合成，有利于成熟期干物质的积累，为获得高产奠定了物质基础。

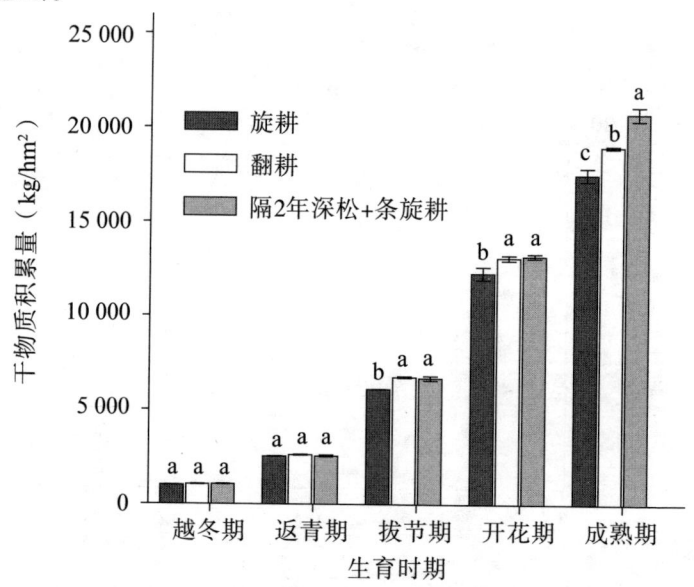

图3-6 不同耕作模式对小麦干物质积累量的影响

（山东农业大学，2014～2015）

3. 促进了小麦开花后干物质积累量及对籽粒的贡献率

由表3-5可知，开花前营养器官贮藏干物质转运量表现为，翻耕和旋耕处理间无显著差异，显著高于间隔2年深松＋条旋耕处理；开花前营养器官贮藏干物质对籽粒的贡献率均为旋耕显著高于翻耕，间隔2年深松＋条旋耕处理最低。开花后干物质在籽粒中的分配量和对籽粒贡献率为，间隔2年深松＋条旋耕处理显著高于翻耕处理，旋耕处理最低。表明间隔2年深松＋条旋耕处理促进了小麦开花后干物质的同化量，有利于提高籽粒产量。

表3-5 不同耕作模式对小麦花后营养器官干物质再分配量的影响

（山东农业大学，2014～2015）

处 理	开花前营养器官贮藏的干物质		开花后干物质	
	转运量（kg/亩）	对籽粒贡献率（%）	籽粒中的分配量（kg/亩）	对籽粒贡献率（%）
旋耕	229.8a	39.6a	350.3c	60.4c
翻耕	219.9a	36.1b	389.2b	63.9b

（续表）

处　　理	开花前营养器官贮藏的干物质		开花后干物质	
	转运量（kg/亩）	对籽粒贡献率（%）	籽粒中的分配量（kg/亩）	对籽粒贡献率（%）
隔2年深松＋条旋耕	180.1b	25.8c	516.7a	74.2a

（六）改善了根系形态特征，延缓根系衰老

1. 增加了30～45 cm土层根干重和根长度

由图3-7可知，0～15 cm土层，开花期的根干重和根长度均为旋耕处理显著高于翻耕和间隔2年深松＋条旋耕处理；15～30 cm土层，根干重和根长度均为间隔2年深松＋条旋耕和翻耕处理间无显著差异，显著高于旋耕处理；在30～45 cm土层，根干重和根长度均为间隔2年深松＋条旋耕处理最高，显著高于翻耕和旋耕处理。表明间隔2年深松＋条旋耕耕作模式增加了30～45 cm土层根系的生长量，促进了根系的生长发育，有利于开花后根系对深层土壤水分和养分的吸收。

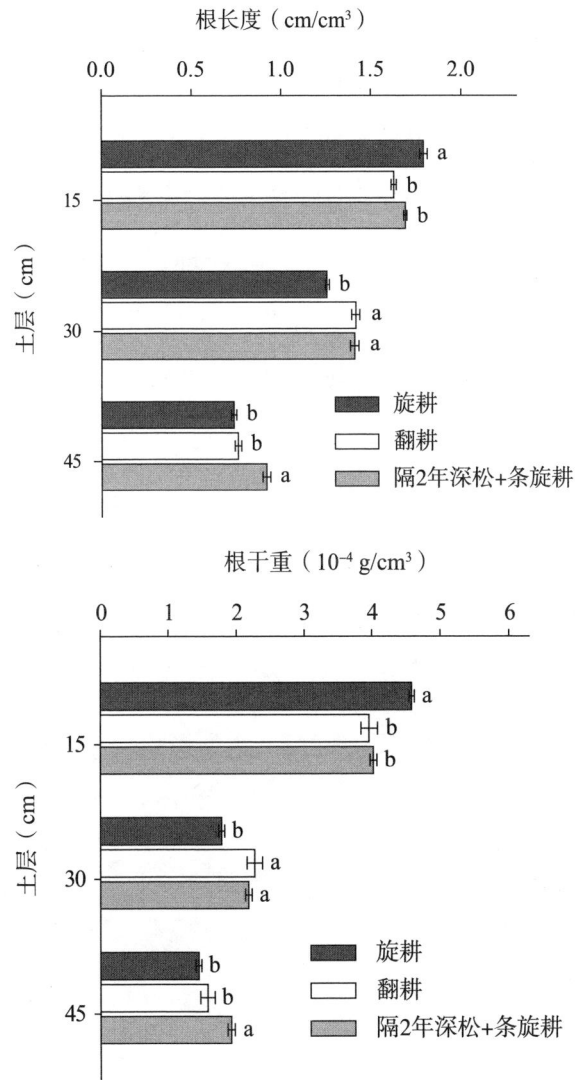

图3-7 不同耕作模式对开花期根干重和根长度的影响

（山东农业大学，2014~2015）

2. 提高了15～45 cm土层根系活力

由表3-6可知，在0～15 cm土层，拔节期和开花期小麦根系活力均为旋耕处理显著高于其他两个处理，在开花后20 d，则表现为旋耕和隔2年深松+条旋耕处理无显著差异，显著高于翻耕处理；在15～30 cm土层，各个时期均为隔2年深松+条旋耕处理与翻耕无显著差异，显著高于旋耕处理；在30～45 cm土层，各个时期均表现为隔2年深松+条旋耕处理显著高于翻耕和旋耕处理。结果表明，间隔2年深松+条旋耕耕作模式不仅可以提高较深土层的根系活力，而且延缓了根系活力的下降，有利于改善小麦的生长发育状况。

表3-6　不同耕作模式对拔节期、开花期和开花后20 d
0～45 cm土层根系（鲜重）活力的影响［μg/（g·h）］

（山东农业大学，2014～2015）

土层（cm）	处　理	拔节期	开花期	花后20 d
	旋耕	85.32a	60.91a	38.03a
0～15	翻耕	74.94c	53.12b	31.51b
	隔2年深松+条旋耕	79.73b	53.70b	37.05a

（续表）

土层（cm）	处　理	拔节期	开花期	花后20 d
	旋耕	100.50b	66.91b	52.46b
15～30	翻耕	110.74a	74.82a	61.94a
	隔2年深松＋条旋耕	115.73a	77.20a	63.50a
	旋耕	40.72b	28.22b	22.61b
30～45	翻耕	43.94b	29.51b	23.10b
	隔2年深松＋条旋耕	50.73a	35.44a	29.52a

3. 提高了根系超氧化物歧化酶活性，降低了丙二醛含量，减缓根系衰老

超氧化物歧化酶（SOD）能够清除植物体中过量的自由基，延缓植株衰老。丙二醛（MDA）含量的高低反映植物细胞膜受到伤害的程度，其值愈小，细胞膜受伤程度愈小，有利于延缓衰老。由表3-7可知，开花后20 d，0～15 cm土层，根系SOD活性为旋耕处理显著高于翻耕和间隔2年深松＋条旋耕；15～45 cm土层，为间隔2年深松＋条旋耕处理最高。根系MDA含量与SOD活性表现为相反的趋势。表明15～45 cm

土层间隔2年深松＋条旋耕耕作模式获得了高的SOD活性和低的MDA含量，有利于降低小麦根系细胞膜受损的程度，提高根系的抗氧化能力，减缓根系衰老。

表3-7　不同耕作模式对开花后20 d根系（鲜重）超氧化物
歧化酶活性和丙二醛含量的影响

（山东农业大学，2014～2015）

土层 （cm）	处　理	超氧化物歧化酶 活性（U/g）	丙二醛含量 （nmol/g）
0～15	旋耕	66.4a	7.48b
	翻耕	57.6b	7.93a
	隔2年深松＋条旋耕	61.9b	7.82a
15～30	旋耕	79.3b	7.10a
	翻耕	86.3a	7.06a
	隔2年深松＋条旋耕	89.6a	6.68b
30～45	旋耕	97.5b	6.20a
	翻耕	100.6b	6.17a
	隔2年深松＋条旋耕	116.7a	5.67b

（七）增加了籽粒产量，提高了水分利用效率

由表3-8可知，籽粒产量为间隔2年深松＋条旋

耕处理显著高于翻耕处理，旋耕处理最低；水分利用效率为间隔2年深松＋条旋耕处理显著高于翻耕和旋耕处理。表明间隔2年深松＋条旋耕处理获得了最高的产量和水分利用效率，是本试验条件下节水高产的最佳耕作模式。

表3-8 不同耕作模式对籽粒产量和水分利用效率的影响

（山东农业大学，2014~2015）

处 理	籽粒产量（kg/亩）	水分利用效率 [kg/（亩·mm）]
旋耕	580.1c	17.80c
翻耕	609.1b	18.70b
隔2年深松＋条旋耕	696.7a	20.50a

（八）每隔2年深松一次，高产稳产，增产增效

多年定位研究（表3-9）表明，小麦深松—镇压—条旋耕施肥播种镇压节水栽培技术模式于2007年、2010年和2013年进行了深松，其他年份未深松，每年都包括玉米秸秆还田＋条旋耕施肥播种镇压一体机播种环节，小麦产量和水分利用效率一直保持较高水平，

显著高于翻耕或旋耕后直接播种的麦田，可实现高产稳产，节水节能增效。

表3-9 不同耕作模式小麦产量和水分利用效率比较

（山东农业大学）

年 度	处 理	籽粒产量 （kg/亩）	水分利用效率 [kg/(亩·mm)]
2008~2009	旋耕	546.5c	1.29b
	翻耕	592.3b	1.33b
	隔2年深松＋条旋耕	640.9a	1.43a
2009~2010	旋耕	550.8c	1.35b
	翻耕	595.4b	1.39b
	隔2年深松＋条旋耕	646.6a	1.47a
2010~2011	旋耕	561.4b	1.33b
	翻耕	555.4b	1.33b
	隔2年深松＋条旋耕	672.2a	1.40a
2014~2015	旋耕	580.1c	1.19c
	翻耕	609.1b	1.25b
	隔2年深松＋条旋耕	696.7a	1.37a

第三节　小麦深松—旋耕—耙压—施肥播种镇压节水高产栽培技术

一、小麦深松—旋耕—耙压—施肥播种镇压节水高产栽培的技术环节

在没有条旋耕施肥播种镇压一体机播种的条件下，可以在深松后进行旋耕，随后耙压、施肥播种镇压，从而形成了小麦深松—旋耕—耙压—施肥播种镇压节水栽培技术。该技术包括玉米秸秆还田＋深松 30 cm＋旋耕 15 cm＋耙压或镇压 2 遍＋播种机施肥播种镇压 5 个关键环节，能够打破犁底层，增加土壤蓄水，踏实耕层，减少水分蒸发，提墒保墒，促进根系发育，有效解决因多年旋耕形成坚实的犁底层阻止降水下渗和根系下扎、旋耕后耕层土壤悬松导致小麦播种过深、出苗差、分蘖少、冬季遇寒或遇旱大面积死苗等问题，提高了水分利用效率，达到了高产稳产、节能增效的效果。

二、小麦深松—旋耕—耙压—施肥播种镇压节水高产栽培技术要点

（一）秸秆还田

用玉米秸秆还田机将玉米秸秆粉碎2~3遍，秸秆长度5 cm左右。

（二）造墒

小麦出苗的适宜土壤湿度为田间最大持水量的70%~75%。秋种时若墒情适宜，则不需要造墒，应在玉米收获后及时秸秆还田、深松、镇压、播种。墒情不足的地块，应在玉米秸秆还田后按照测墒补灌的程序灌水造墒，也可以每亩灌水40 m³。对于土壤黏重的地块，也可在小麦播种后立即浇"蒙头水"，墒情适宜时搂划破土，辅助出苗。

（三）深松

用90马力拖拉机牵引震动式深松犁深松30 cm，边震动边松动土层，打破犁底层。深松不必每年都进

行，每隔2年深松一次。

（四）旋耕

采用旋耕机旋耕2～3遍，旋耕深度15 cm，将粉碎的秸秆与旋耕层土壤充分混匀。

（五）耙压或镇压

墒情适宜时，旋耕后及时用钉齿耙耙压2遍，或用钉齿耙耙压1遍后再用滚轮镇压器镇压1遍，以破碎土块，达到地面平整、上松下实、保墒抗旱。

（六）施肥播种

在适宜播种期内，采用带镇压轮的小麦施肥播种一体机，随施肥随播种随镇压。播种机不能行走太快，每小时5 km，保证下种均匀，深浅一致，不漏播、不重播。

三、小麦深松—旋耕—耙压—施肥播种镇压节水高产栽培技术的优点

2007年秋，课题组设计的长期定位耕作模式试验

于山东省兖州区史家王子村进行。试验采用随机区组设计，设置旋耕、翻耕和间隔2年深松+旋耕3种耕作模式，研究不同耕作模式对麦田耗水特性和产量的影响，以期为小麦节水高产栽培提供理论依据。不同耕作模式作业程序见表3-10。

表3-10 不同耕作模式作业程序

（山东农业大学）

耕作模式	作 业 程 序
旋耕	前茬玉米秸秆粉碎还田→撒施底肥→IGQN-200K-QY型旋耕机旋耕2遍（工作深度15 cm）→耙地2遍→筑埂打畦→播种机播种镇压
翻耕	前茬玉米秸秆粉碎还田→撒施底肥→ILFQ330型铧式犁耕翻1遍（工作深度25 cm）→旋耕机旋耕2遍（工作深度15 cm）→耙地2遍→筑埂打畦→播种机播种
深松+旋耕	前茬玉米秸秆粉碎还田→撒施底肥→ZS-180型振动深松机深松1遍（工作深度38 cm）→IGQN-200K-QY型旋耕机旋耕2遍（工作深度15 cm）→耙地2遍→筑埂打畦→播种机施肥播种镇压

（一）打破了犁底层，增加了土壤蓄水量

多年旋耕的麦田，在耕层15 cm以下形成坚实的犁底层，雨水不能及时向下渗透，耕层浅，土壤蓄水量小，大量的雨水会在土壤表面形成径流，造成水资源浪费。试验表明，采用深松机深松30 cm，能够打破犁底层，有利于雨水下渗，显著增加了土壤蓄水量（表3–11）。

表3–11　不同耕作模式播种前0～80 cm土层土壤蓄水量比较

（山东农业大学，2014～2015）

处　　理	旋耕	翻耕	隔2年深松＋旋耕
土壤蓄水量（mm）	245.9b	252.0b	276.5a

（二）促进了小麦对深层土壤贮水的吸收利用

由于深松打破了犁底层，有利于小麦根系向深层土壤下扎，增加了深层土壤根系的比例，促进了小麦对深层土壤贮水的吸收利用。试验表明，与旋耕和耕翻相比，隔2年深松＋旋耕模式的小麦对0～140 cm各土层土壤贮水的消耗量均提高（表3–12）。

表3–12　不同耕作模式小麦全生育期对0～140 cm各土层土壤水分的消耗量（mm）

（山东农业大学，2014～2015）

土层（cm）	旋耕	翻耕	隔2年深松＋旋耕
0～20	34.0b	34.2b	37.7a

（续表）

土层（cm）	旋耕	翻耕	隔2年深松＋旋耕
20～40	30.6b	30.6b	34.3a
40～60	26.8b	26.1b	29.2a
60～80	20.1c	22.3b	25.0a
80～100	13.8c	17.1b	21.4a
100～120	10.1c	14.5b	17.2a
120～140	9.2c	11.0b	15.6a

（三）减少了土壤水分的蒸发

深松不翻动土壤，使秸秆覆盖在土壤表层，起到了阻止土壤水分蒸发的作用。旋耕后土壤悬松，会导致耕层土壤水分大量蒸发，如遇干旱天气，会使小麦严重受旱。隔2年深松＋旋耕后及时耙压或镇压2遍，可以破除坷垃，平整地面，沉实土壤，使耕层上松下实，显著减少了耕层土壤水分的蒸发（表3-13）。

表3-13 不同耕作模式小麦苗期棵间蒸发量（mm/d）

（山东农业大学，2014～2015）

处 理	旋耕	翻耕	隔2年深松＋旋耕
蒸发量	0.39a	0.40a	0.22b

（四）促进次生根喷发，提高小麦抗旱抗寒能力

隔2年深松＋旋耕，有利于将粉碎还田的秸秆与土壤充分混匀，耙压或镇压2遍将土壤踏实，有效避免了因土壤悬松或秸秆架空导致的种子和幼苗根系悬空问题，有利于小麦根系与土壤紧密接触，促进次生根喷发（表3–14），提高了小麦抗旱和抗寒能力。

表3–14 不同耕作模式小麦次生根条数（条／株）

（山东农业大学，2014～2015）

处　理	越冬前	返青期	拔节期
旋耕	7.2b	10.3b	23.2b
翻耕	7.8b	10.0b	22.3b
隔2年深松＋旋耕	9.4a	12.2a	27.3a

（五）提高根系活力，促进了根系对养分的吸收，提高了氮素利用效率和氮肥生产效率

研究表明，隔2年深松＋旋耕模式与旋耕和翻耕处理相比，有利于小麦根系下扎，而且小麦根系活力显著提高（表3–15），促进了根系对养分的吸收，显著提高

了氮素利用效率(指小麦植株吸收1 kg氮素所生产的籽粒产量,即氮素利用效率=籽粒产量/植株氮素积累量,单位:kg/kg)、氮肥生产效率(指施用1 kg纯氮所生产的籽粒产量,即氮肥生产效率=籽粒产量/施氮量,单位:kg/kg),比常规技术提高10.6%~16.4%。

表3-15   不同耕作模式小麦根系(鲜重)活力和氮肥利用效率

(山东农业大学,2014~2015)

处　理	根系活力[μg/(g·h)]			氮素利用效率(kg/kg)	氮肥生产效率(kg/kg)
	拔节期	开花期	灌浆中期		
旋耕	82.4c	76.7c	50.9c	30.35b	34.2c
翻耕	89.7b	83.8b	54.7b	29.63b	36.0b
隔2年深松+旋耕	102.2a	98.9a	63.2a	32.30a	39.8a

(六)增加籽粒产量,提高了水分利用效率

由表3-16可知,籽粒产量和水分利用效率均为隔2年深松+旋耕模式显著高于翻耕处理,旋耕处理最低。表明隔2年深松+旋耕模式获得了较高的产量、水分利用效率和灌溉效益,是本试验条件下节水高产的最佳耕作模式。

表3-16 不同耕作模式小麦籽粒产量和水分利用效率

（山东农业大学，2014～2015）

处　理	籽粒产量（kg/亩）	水分利用效率［kg/(亩·mm)］
旋耕	580.1c	1.19c
翻耕	609.1b	1.25b
隔2年深松＋旋耕	659.5a	1.30a

（七）每隔2年深松一次，高产稳产，节水节能增效

由表3-17可知，2007年、2010年和2013年进行了深松，其他年份不深松，每年都包含玉米秸秆还田＋旋耕15 cm＋耙压或镇压2遍＋播种机播种镇压等环节，小麦产量和水分利用效率一直保持较高水平，显著高于旋耕后直接播种的麦田。该模式与年年翻耕相比，不仅产量提高，而且平均每年每亩省油0.75 L，耗能明显减少。所以采用该模式，可实现高产稳产，节水节能增效。

表3-17 不同耕作模式小麦产量和水分利用效率比较

（山东农业大学）

年　度	处　理	籽粒产量 （kg/亩）	水分利用效率 [kg/(亩·mm)]
2008～2009	旋耕	546.5c	1.29b
	翻耕	592.3b	1.33a
	隔2年深松＋旋耕	636.1a	1.33a
2009～2010	旋耕	550.8c	1.35b
	翻耕	595.4b	1.39a
	隔2年深松＋旋耕	652.5a	1.40a
2010～2011	旋耕	561.4b	1.33b
	翻耕	H555.4b	1.33b
	隔2年深松＋旋耕	678.2a	1.39a
2014～2015	旋耕	580.1c	1.19c
	翻耕	609.1b	1.25b
	隔2年深松＋旋耕	659.5a	1.30a

▲ 小麦测墒补灌节水高产栽培技术用微喷带定量灌溉

▲ 余松烈院士在研究小麦试验方案

▲ 余松烈院士在麦田

余松烈院士主持研制小麦宽幅精播机，创建小麦宽幅精播节水高产栽培技术

于振文院士主持创建小麦测墒补灌节水高产栽培技术和小麦深松少免耕镇压节水高产栽培技术

▲ 于振文院士在麦田

▲ 余松烈院士和于振文院士在郓城工力有限公司与李留年总经理研究宽幅精播机的排种结构

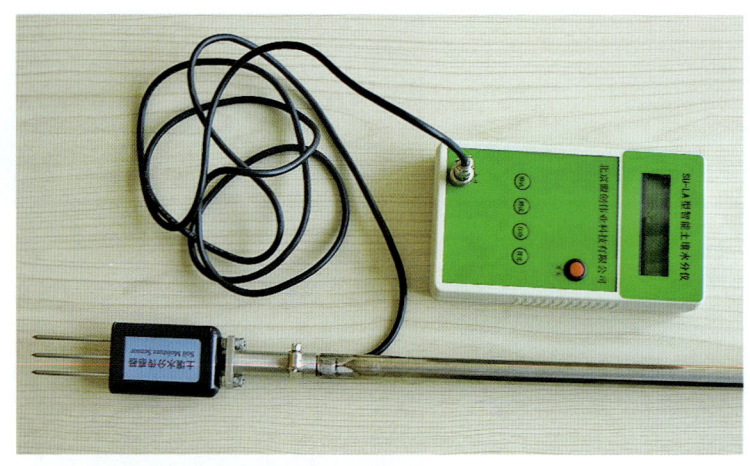

▲ 小麦测墒补灌节水高产栽培技术中使用的土壤水分测定仪，型号为SU–LA型

▲ 课题组张永丽教授在河北省武强县进行小麦测墒补灌节水高产栽培技术试验

▲ 课题组石玉副教授在田间用微喷带进行小麦测墒补灌节水高产栽培技术定量灌溉

▲ 山东省济阳县进行小麦测墒补灌节水高产栽培技术田间示范（播种前测定土壤容重和田间持水量）

▲ 山东省茌平县进行小麦测墒补灌节水高产栽培技术田间示范（利用仪器法在拔节期测定土壤含水量）

▲ 河北省望都县进行小麦测墒补灌节水高产栽培技术田间示范（利用仪器法在开花期测定土壤含水量）

▲ 河北省邯郸市农业科学院进行小麦测墒补灌节水高产栽培技术田间示范（收获期测定土壤含水量）

▲ 河南省武陟县进行小麦测墒补灌节水高产栽培技术田间示范（拔节期用微喷带进行定量补灌）

▲ 河南省安阳县进行小麦测墒补灌节水高产栽培技术示范（利用仪器法在开花期测定土壤含水量）

▲ 山东农业大学和郓城工力有限公司合作研制的小麦宽幅精播机

▲ 小麦宽幅精播节水高产栽培技术起身期麦田长相

▲ 小麦宽幅精播节水高产栽培技术拔节期麦田长相

▲ 小麦宽幅精播节水高产栽培技术灌浆期麦田长相

▲ 山东省济宁市兖州区进行小麦宽幅精播节水高产栽培技术示范（用宽幅精播机播种）

▲ 河北省邯郸市永年区进行小麦宽幅精播节水高产栽培技术示范（用宽幅精播机播种）

▲ 河南省获嘉县进行小麦宽幅精播节水高产栽培技术示范（用宽幅精播机播种）

▲ 山东农业大学和郓城工力有限公司合作研制的小麦震动式深松机

▲ 山东省淄博市淄川区用小麦震动式深松机在田间进行深松

▲ 山东农业大学和郓城工力有限公司合作研制的小麦条旋耕施肥播种镇压一体机

▲ 山东农业大学和郓城工力有限公司合作研制的小麦条旋耕施肥播种镇压一体机在田间播种

玉米秸秆粉碎还田

深松 30 cm

深松后镇压 2 遍

采用条旋耕施肥播种
镇压一体机播种

应用"深松—旋耕—耙压—播种镇
压节水栽培技术"的拔节期小麦

应用"深松—镇压—条旋耕施肥播
种镇压一体机播种节水栽培技术"
的蜡熟期小麦

▲ 小麦深松—镇压—条旋耕施肥播种镇压一体机节水高产栽培技术关键操作环节

玉米秸秆粉碎还田 深松 30 cm

旋耕 15 cm 耙压或镇压 2 遍

用带镇压轮的小麦播种 没有镇压轮的播种机，应在播种机后
机播种，随种随镇压 装置镇压器，或播种后用镇压器镇压

▲ 小麦深松—旋耕—耙压—播种镇压节水高产栽培技术关键操作环节